认知力

你不可不知的
心理学常识

思　远◎著

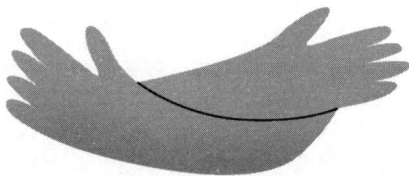

中国铁道出版社有限公司
CHINA RAILWAY PUBLISHING HOUSE CO., LTD.

图书在版编目（CIP）数据

认知力：你不可不知的心理学常识 / 思远著. —北京：中国
铁道出版社有限公司，2022.9
ISBN 978-7-113-29004-7

Ⅰ.①认… Ⅱ.①思… Ⅲ.①心理学–通俗读物 Ⅳ.①B84-49

中国版本图书馆CIP数据核字(2022)第045879号

书　　名：认知力：你不可不知的心理学常识
RENZHILI：NI BUKE BUZHI DE XINLIXUE CHANGSHI

作　　者：思　远

责任编辑：巨　凤　　　　编辑部电话：（010）83545974
封面设计：仙　境
责任校对：安海燕
责任印制：赵星辰

出版发行：中国铁道出版社有限公司 (100054，北京市西城区右安门西街8号)
印　　刷：三河市宏盛印务有限公司
版　　次：2022年9月第1版　2022年9月第1次印刷
开　　本：880 mm×1 230 mm　1/32　印张：6.375　字数：210千
书　　号：ISBN 978-7-113-29004-7
定　　价：59.00元

序言

关于你自己，还有95%你并不知道

希腊阿波罗神庙上那句最著名的箴言——认知你自己，成为人类永恒探索的主题，我们也常常受困于关于自己的迷思：我是谁？

从一些显著而清晰的身份标签中，我们似乎能够找到关于自己的答案：出生地、出生年月日、性别、父母是谁、就读于什么样的学校、从事的职业，以及和什么样的另一半组建了家庭，有了一个什么样的孩子……在这些身份标签构建的自我中，我们能看见自己成长的轨迹，也在期待着自己想象的未来，在这个由过去、现在和未来交织的图景中，我们以为了解了自己。

可是，有一些特别的时刻让我们陷入深思：

为什么总是有同一个情境，反复在我的梦中出现？

为什么别人总是很快乐，而我却感觉很悲伤？

为什么那么明显的选择，到我这里竟然变得如此难以抉择？

为什么所有人都反对的爱情，我却要固执地坚持到底？

为什么和熟悉的人打个招呼，对我来说都如此困难？

……………

这些时刻，让我们再次发起关于自我的诘问：我为什么会是这样？而那些熟悉的身份标签在此时，似乎并不能解答这个疑惑。

每当人类从自我的迷思中走不出来的时候，心理学精神分析学派创始人弗洛伊德也许正在历史的迷雾中微笑，他大概会拿出自己提出的意识冰山理论，像个先知一样，告诉人类：人啊，至少还有 95% 的自己，你并不了解。

意识冰山理论是弗洛伊德早期提出的理论，是说人的意识就像是漂浮在水上的冰山一般，能让别人和自己看见的只有露出表面的那一小部分，它们往往只是那一块冰山的一个小角落；还有很大一部分冰山是藏在水面以下的，人们不会轻易地看见它们，而且越往下表示藏匿越深，这部分在水下的冰山就是人的潜意识。具体而言，能够被感受的心理活动，会通过行为表现出来，这些是水面以上的冰山，而还有一些被压抑的渴望、感受、欲望、本能等，是水面以下的冰山，不容易被人发现。

那些不容易被我们发现的潜意识，就是我们对自我了解不全面的部分。

在《也许你该找个人聊聊》中，作者讲了一个关于她自己的故事。在她 45 岁时，和自己谈了几年恋爱的男朋友突然之间提出分手，而就在对方提分手的前一个周末，他们还在商量一起去哪里旅行度假。作者回顾自己和男朋友恋爱的细节和过程，找不到任何导致分手的原因，所以当她的男朋友提出自己以后的生活里不想有孩子出现时（作者为单亲妈妈），她觉得这一切都是男朋友在找借口，因为从一开始，她的男朋友就知道她有孩子。

这次分手让作者陷入了某种困境里，她找到心理咨询师，希望能帮助自己从失恋的状态里走出来。然而随着咨询过程的推进，失恋只是浮在冰山上面的事件，真正让她陷入恐惧和危机状态中的，是她不曾察觉的潜意识——我的人生已经过了一大半了，这简直太糟糕了。换言之，表面上作者是因为失恋而影响生活，但实际上是对于死亡的恐惧驱使她陷入了危机之中。

这个简单的小故事，其实能够映射出我们大多数人的自我。很多时候，我们明明以为是 A 导致糟糕的情况出现，但其实在 A 下面还潜藏着 B 或者 C，而我们是看不到的，所以也无法抵御它们所带来的巨大危机。

作为食物链的顶端，我们人类拥有超高的智力，并以此改变地球的环境，最近也在尝试迁徙到其他星球生存。对太空文明的探索，扩大了人类认知的边界，但是不管人类生存的疆域怎么扩大，关于人类自己的诘问，其实还很难获得明确的答案。

写这本书的目的，就是为了从自我的范畴，尝试给出更多的答案。在人生的旅途上，每当遇到迷茫和困惑的时候，如果能够从中获得一点点的启迪，大概就已经足够有价值。

当然，这本书的缺点也是有的，和专业的书籍比起来，理论研究不够深入；和通识心理学读物比起来，由于我的主修流派是精神分析理论，所以它的表达视角又相对单一。我个人更愿意把它定义成一本"厕所读物"——用不那么复杂的理论、不太高深的语言，讲述一些我们日常生活中常见的小问题。每上一次厕所，就能有点启悟，仔细想想，也不失为人生中美好的一件小事儿了。

最后，我要感谢一下我的朋友张晓、斯琴、郭明以及漫画家王云涛对这本书的支持，希望他们不要介意自己的名字出现在一本"厕所读物"的答谢语里。

目　录

自己

第一章

绘者：王云涛

很多时候，
我们都活得像一只刺猬，
痛苦、纠结、不喜欢自己

01

接纳自己的不出众，为自己而活

● 心理关键词：自我认同

王小波说过，人在年轻时，最头疼的一件事就是决定自己这一生要做什么。

每个人都年轻过，但凡思考过"自己这一生要做什么"的人，都会发现，第二件头疼的事儿就是，很多时候我们想要做的事情，往往和社会想要我们做的事情之间存在许多冲突和矛盾。在这种冲突和矛盾中，有些人慢慢释然，活成了自在随心的样子；而有些人却始终活得拧巴，最后不知道自己究竟是谁。

1. 假装自己很优秀的人

你身边一定会有这样的人，他会习惯性地夸大自己的能力、名声、社会身份等，在我们不真切了解他的时候，会被他如花的言语所迷惑，坚信他正如自己所说的那样，是一个特别了不起的人。可是当我们有机会靠近他，并且需要更长时间的相处时，我们发现，他似乎言过其实了，他并没有自己所讲的那么富有魅力。

听到这里，你的脑海里是不是已经呈现出某个同事或者朋友的模样？

如果用一句话来描述这样的人，我们可以将其称为"假装自己很优秀"的人。

一个人要假装自己很优秀，探其原因，往往是因为自己的"自卑情结"在作祟。

注意，我们这里所说的"自卑情结"和通常所说的"自卑"是完全不同的概念。

自卑是一种情绪或者感受状态，我们每个人都会有。比如当我们看到一个身材非常棒的女性同事，在公司的年会上表演了一支精彩纷呈的舞蹈，这时我们也许会为自己腰间的赘肉和越来越发福的身形而稍有受挫并且感到有点自卑；再比如同学聚会上，一些同学取得了社会主流意义上的成功，或拥有了很高的权力，或实现了财富自由，相较之下，我们自己的事业和财富都平淡无奇，这也许会让我们有点不好过，从而产生自卑的感受……这些偶发的时刻，都叫自卑。

而"自卑情结"是更为稳定的、持续的一种状态，它从更深层面影响着我们的行为、语言和人际交往模式，它像牢固的钢铁一样，强悍地镶嵌在我们的人格结构中。有"自卑情结"的人，时刻都能体验到自己低人一等的感受，并且能从对方的语言或行为中，"解读"

3

出对方对自己的贬低或者嘲讽，从而让自己变得异常愤怒和具有攻击性。

可想而知，具有"自卑情结"的人由于时刻处于低人一等的感觉中，他的内在状态是异常脆弱的，外界的任何一丝风吹草动，都会让他体验到自己的羞愧和不安。

没有人会喜欢让自己待在羞愧和不安之中，更不想让外人察觉到自己的羞愧和不安，于是他们就试图通过一些方式去把自己这些真实的感觉掩藏起来——假装自己很优秀，就是掩藏这些感受的方式之一，在心理学上，我们也可以把这种行为称之为防御。换言之，那些习惯假装自己优秀的人，只是想让自己好受一点，并且试图向其他人证明，其实自己原来没有那么糟糕。

2. 自我脆弱得像一颗薄皮空心的巧克力

一个人为什么会产生"自卑情结"呢？想要回答这个问题，我们在这里要引入心理学上一个非常重要的概念——自我认同。

"自我认同"这个概念最初由美国心理学家埃里克森提出。它指的是一个人的成长不仅仅是生理上的成长，还包括心理上和社会适应性的成长。随着年龄和社会角色的变化，如果一个人的心理能够相应完成各种适应性的转变，那么他就会最终完成自我认同，明确"我是谁"，并以灵活的人格状态应对生活，但如果一个人由于某些原因让自己的心理停滞在某个阶段，那么就意味着他难以完成整合的自我认同，无法确认"自己是谁"，也难以获得真正的归属感和安全感。

我们每个人在生命早期，自我认同都处于弥散状态，也就是说，我们不知道自己是谁、想干什么、应该干什么，世界在我们看来都大同小异，"科学家"和"历史学家"都是一份工作而已，它们本质上没什么差别，在这个状态里，我们的"自我认同"是混沌的。

自我认同的真正发展，来自人际互动，也就是说，我们在和别人打交道的过程中，开始慢慢了解这个世界是什么样的，以及我自己究竟是谁。在生命早期，"权威人物"——可能是我们的父母、老师、重要的偶像等，在我们自我认同的形成过程中起到了非常重要的作用，因为我们通过他们的行为和语言，获得了有关这个世界和自己的重要信息，并且坚信他们一定是正确的。

在这个自我认同形成的关键时期，如果你获得的有关自我的信息是偏向正面的，比如你经常听到别人对你的夸奖、鼓励，并且体验到权威人物对你的尊重、信任，那么你就会在这个过程中发展出自信和安全感；反之，如果你经常收到的信息是偏向负面的，比如对你的贬低、斥责、否定和打击，那么很可能就会种下自卑的种子。

如果一个人在这个时期形成了自卑的感受，那么它就有可能发展成为一种情结，即以一种更加固化和稳定的状态存在，与此同时，也意味着这个人很难有更加适应性的状态来应对接下来的发展。虽然生理在不断成长，但是他的心理状态很可能就固化在当下的阶段，这个阶段被称为自我认同的"早闭期"。有数据表明，大约有 30% 的人停留在这个阶段，他们典型的特点就是缺乏自主性，更在乎外界的声音和信息，当然，不是说这 30% 的人都具有自卑情结，而是说他们普遍无法反抗他人的意见，也无法更加自由地去探索这个世界，只能活在由别人定义的世界和自我里。

"自卑情结"就是在这样的情境下形成的，他们的世界里充满了别人，对自己既不笃定，也不坚信，他们的自我脆弱得像一颗薄皮空心的巧克力，用手轻轻一碰，就会碎掉。

3. 丢掉幻想，为自己而活

对于没有真正完成自我认同的人来说，"假装自己很优秀"只是表现之一，他们还会有很多其他共性的表现，比如：特别看重别人的意见，缺少自己的主见；情绪敏感度偏高，不太容易控制自己的情绪；恐惧感比较强烈，在人际关系中擅长使用讨好技巧；羞愧感明显，很多事情习惯性内归因；等等。对于他们来说，能够和这个世界以及自我和谐相处，似乎并不是那么容易，他们时常游走于"到底是听别人的"和"坚持我自己"之间，时时怀疑，总是犹豫，以至于生活被拉扯得失去了鲜艳的色彩。

想要从这种拉扯和纠结的困境中走出来，就是要真正完成对自己的认同，也就是说，清晰地知道自己是谁，即除了自己的职业、年龄、爱好、体貌、三观等基本信息之外，还需要知道自己擅长什么、不擅长什么，对自己有怎样的期许，又愿意为这些期许付出怎样的努力。是否能做到在现实自我中不断努力，用行动去靠近理想的自我，并且在这个奋斗的过程中获得归属感，既不盲目顺从他人，也不盲目否定他人，以自己为圆的核心，不断去探索属于自己的可能性。

自我认同的危机主要来自真实自我和理想自我之间的巨大差距，真实自我由于种种原因可能是渺小的、有很多缺点的、自卑的，也不符合我们对自己的自我期待，于是我们就幻想了一个理想自我，以此来弥合真实自我带给自己的挫败感，这两种自我之间的冲突，就是一个人不认同自我的重要的来源。

如果一个人无法接纳真实的自我，就意味着他会用各种各样的方式来攻击自己，比如嫌弃自己、贬低自己、让自己抑郁或者焦虑，等等。幻想出来的理想自我有多完美，对真实自我的攻击就有多深刻，一个人如果长期处于这种状态中，那么他的身心会受到巨大的破坏。

想要让自己活得不那么拧巴，活得更加顺心自洽，那么就要学会接纳真实自我，这个真实自我意味着你可能不那么漂亮，你可能皮肤有点黑，你可能有点自卑，你可能管理不好自己的情绪，你可能不太擅长交朋友，你可能不太被人喜欢……总之，真实的自己，意味着是有缺陷的、是不完美的自己。

想想看，一个不那么完美的自己，你能接受吗？

别沮丧，要知道，时光飞逝带给我们的不仅是眼角皱纹的出现，还有内在的体悟和成长。当下真实的我们，并不意味着我们是永恒不变的，我们还会不断变化，至于最终会变成什么样子，取决于我们愿意为自己付出多少努力。但要知道，不管我们多么努力，都不可能达到所谓的完美。因为，在自我成长这条路上，没有"完美"这个选项，只有"更好"这个选项。

在经典电影《心灵捕手》里面有这样一个片段：心理咨询师尚恩给数学天才威尔分享了一个自己的小故事，他说自己的妻子在睡觉的时候会放屁，有天晚上她不仅把家里的狗给吵醒了，也把他给吵醒了，当他把这一点告诉自己妻子的时候，妻子反过来说是他放的。威尔说，妻子已经去世了两年，但这件小事是他常常想念的东西，因为，"不完美才是美好"。

与其对不完美的自己咬牙切齿，不如淡然地接纳真实的自己，人生很多的闪光时刻其实都是由"不完美"构成的，比如小时候的一次哭闹、工作后的一次糗事、恋爱中痛苦的模样……这些都是不够美好的自我，但是当我们回过头来打开人生的回忆簿时，却发现它们是那么的美好。

人生有很多的悖论，有时候放过自己，才能真的成就自己。

02

面对问题总是逃，这是一种什么病

● 心理关键词：逃避型人格

你是不是这样的人，或者说，你身边有没有这样的人：

每份工作都觉得不满，于是不停地换工作；

每场恋爱都不如意，于是不停地换男 / 女朋友；

一遇见什么不顺心的事儿，就想着要请假出去走走；

⋯⋯⋯⋯

这些人看似想通过努力更换一份工作、一个伴侣、一个环境，来掌控自己的命运。可最终却遗憾地发现，黑暗总是在一个又一个的"下一次"里悄悄地等着自己。

时间久了，他们甚至会愤慨："为什么我如此努力，换来的却还是这么差的结局？"

其实，他们不清楚的是：那些看似努力的主动选择，本质上都是被迫逃离，而自己的人格没有得到成长，无论逃往哪里，终究都还是自设的"监狱"。

1. 你逃避的不是外界，是自我

阿力是我的一位朋友，男性，40岁出头。

上一次见到他的时候，我们谈论的主要话题是他和现女友交往过程中存在的一些问题，聊天方式是他说我听；而上上一次见面，距离上次见面大概是半年前，我们谈论的主要话题是他和前女友的交往。

在认识阿力的这七年中，我见过他四位女朋友，还听说过若干位我没有见过的女朋友。在这些女朋友当中，交往最长的一位是一年零两个月，其他的大多是几个月。每一次，都是他主动提出分手。

在外人看来，阿力简直是一个对感情不负责的人，但实际情况却是，他对每一段感情都很认真，只是他自己也搞不清楚，为什么每段感情总是无疾而终，为什么总是他主动选择离开。他为此感到很内疚。

为什么在感情的世界里，阿力选择逃跑？我想读到这里的你，已经猜到一部分答案了，没错，他出生在一个并不幸福的原生家庭。

阿力的母亲是一个纺织厂的女工，性格有些急躁，在阿力的记忆里，母亲经常骂他。贪玩、不爱学习、起床晚了等各种事儿，都能让阿力遭遇一阵疾风骤雨般的谩骂。阿力说他从来没有在母亲身上看到"温柔"和"爱"。

阿力的父亲比较沉默寡言，但很固执，从来不谦让他的母亲，所以他们之间也经常是硝烟弥漫，战争四起。

你能想象那是一种什么感受吗？一个七八岁的小男孩儿，早上起来就被母亲劈头盖脸的一顿骂；晚上放学回到家，又看见自己的父母在激烈地大吵大闹。如果你是这样一个小男孩，你会怎么办？想逃离，对吗？离开这样一个冰冷的、战乱的、分裂而又破碎的家。在逃离的路上，你是不是会想："如果我有一个爱我的、会拥抱我的妈妈该多好；如果我的父母也像其他小朋友家里那么和谐该多好……"

这就是小时候阿力的感受：一方面，他很渴望爱，渴望来自母亲的爱、家庭的爱；另一方面，他又在现实生活中遭到来自母亲和家庭的攻击，他感受到恐惧、受伤、难过、害怕……心理学上把阿力这种矛盾的内心感受，称为"矛盾型（反抗型）依恋关系模式"。

这种依恋模型，伴随着阿力长大，然后如影随形地被他复制在其他的亲密关系之中。因为很渴望爱，所以他总是充满期待地与异性建立恋爱的关系；但是，只要距离拉得太近，对方稍微让他感受到一些不适，小时候被攻击的创伤就会被唤醒，为了避免重新感受童年那种恐惧、难受等负面情绪，他就会选择主动逃离。

这种渴望爱又害怕受伤害的感受，就是阿力给自己内心建造的一座"监狱"，无论他怎么逃，怎么换女朋友，他都无法摆脱这座"监狱"对他的囚禁。

2. 逃避型的人格"监狱"，是如何炼成的

其实，我们每一个人都或多或少被外在的一些事物束缚，但很多束缚是可以通过环境的改变，或者时代的变迁来挣脱。唯有一种"束

缚"，我们很难摆脱，它就是人格"监狱"。

我们常常说人格，可是人格到底是什么呢？

教科书上说，人格是人的性格和气质的总和。我更愿意用类比的方式来解释人格：如果说人是一台精密仪器的话，人格就是这台机器的芯片，它决定了这个人如何思考、如果表达、如何防御等。

现代客体关系理论学家克莱因认为，一个人的核心人格早在他还是婴儿时期就已经形成了。为了让你更好地理解逃避型人格的形成过程，我们接下来，将展开一个情境体验。

假想一下，你现在是一个两三个月大的婴儿，一天上午，你正躺在摇篮里睡觉。这时候，隔壁邻居家里有喜事，鞭炮声四起，你被这鞭炮声惊醒，并且感到很害怕，然后就哇哇大哭起来，你在用哭声表达你的情感需求：我很害怕，妈妈快来保护我。

可是你的母亲正在看她喜欢的电视剧，听到你的哭声，内心有点不情愿，甚至愤怒，不得不站起来去看看摇篮里的你是怎么回事儿。她一边轻晃了几下摇篮，一边说道："你怎么这么爱哭啊！别人家的孩子都那么好带，你怎么这么难带啊！"

你从母亲的情绪中，感受到了她对你的指责和不开心，于是，你开始自责："我到底做错了什么？我到底哪里不好，让妈妈不开心？"，同时你也感受到害怕，你觉得在你下一次感到恐惧的时候，妈妈很可能因为愤怒就不来帮你了……

在经过母亲几次这样的对待之后，你就开始回避和母亲的连接。因为你的回避，可以帮助你不去体验母亲的愤怒、你的自责，还有内心怕被抛弃的恐惧。

至此，你的"逃避型"核心人格就形成了，与之相伴的，是"自卑""不稳定感／遗弃感""寻求认同感"等子人格。

你带着这个核心人格长大，当在工作中遇到别人指责的时候，你会体验到由于妈妈小时候指责你而产生的自卑，所以你接受不了别人对你的任何怀疑和指责，一旦遭遇此类对待，就选择辞职，逃离这个工作；当在感情上看到另一半表达愤怒的时候，你也会重温小时候妈妈的愤怒带给你的恐惧，害怕被抛弃，所以你主动选择从中逃离……

就这样，你的逃避型人格，就像一只无形的手，时时刻刻控制着你，让你在人生中颠沛流离。换句话说，如果这种逃避型的人格不获得改变和成长，就有可能终身活在它的囚笼里。

3. 将当下与童年剥离，告别狼狈的逃避

坦白讲，想让自己的人格获得改变和成长，是非常艰难的一件事。就好比，你想把海南的一棵南洋杉移植到东北去种植，是不太可能的事，因为南洋杉喜光、不耐寒，适宜在气温 25℃～30℃、相对湿度 70% 以上的环境条件下生长。同样，对于一直以来已经习惯自卑、习惯内心的不稳定感、习惯逃离的你来说，让你体验到风浪来临的时候，岿然不动地站在那里不要逃，实在有点近乎苛刻。

不太可能，不等同于不可能。只要你内心真正渴望改变，并且拥有自我觉察的能力，人格是可以改变和成长的，命运也是可以更加风光旖旎。

想要改变逃避型的人格，在我看来，你最需要学会的技能，就是将童年的感受与当下的处境进行剥离。

我们每个人的感受，其实都包含了两部分：一部分是由某个人或者某件事触发出的情绪；另外一部分则是由这个情绪所捆绑的认知。

比如，文中提到的阿力，当他听到或者感受到他的女朋友对他有指责倾向的时候，他的情绪体验就是恐惧和害怕，而他对此的认知，则是她有可能抛弃我。

也就是说，阿力把当下发生的情境和他小时候的情绪体验和认知感受捆绑在了一起。但是，如果他有很好的觉察力，当女朋友对他表现出指责倾向的时候，他能够提醒自己，当下只是当下，并不等同于童年；女朋友也不是妈妈，女朋友的指责只代表她在表达不满，而不代表女朋友要抛弃他……那么，阿力很可能就因为这样的觉察，而缓解自己被抛弃的焦虑，即不会因为女朋友的行为表现而感受到恐惧和害怕，从而不会选择逃离。

所以，每当我们被现实处境逼迫得被迫逃离的时候，尽量尝试强迫自己先不要逃，然后冷静地问问自己："我到底为什么要逃？我在害怕什么？我害怕的东西是此刻存在的吗？还是来自我对童年创伤的移情……"

当你在进行这样的自我对话的时候，实际上你的自我已经开始跟你的童年进行分离，如果你能够继续在情绪和认知上告别对童年的移情，选择直面当下，站立不逃，那么你就已经成功地完成了对人格的逆袭，它再也无法成为囚禁你的"监狱"。

这个世界上没有完美的原生家庭，每个人或多或少都会带着伤痛，跌跌撞撞地探索和成长。只要我们足够坚强和勇敢，终将能够打破人格的牢笼，拥有更加自由、绽放、气象万千的人生。

03

我怎么活成了我自己的妈妈

● 心理关键词：创伤代际遗传

当你的朋友一个劲地跟你说，他的父母对他如何专制、如何控制、如何不讲人情、如何歇斯底里的时候，他也许没有想到，他在某些方面也越来越像他的父母，而且这种影响似乎不容易轻易摆脱，已经成为他日常为人处事的一部分，甚至他自己都无法觉察。

1. 活成复刻母亲的阿琴

阿琴今年四十岁，是一名普通的公务员，有着二十年的工作经验。她为人热情，善于讲故事，甚至可以把"今天早上我吃豆浆油条"这种简单的生活事件，都能讲得有滋有味。她那起伏的音调，那情节起承转合的拿捏，都非常到位，十分有情绪感染力，能让每个在听的人都注意到她。

阿琴是一个乐于交朋友的人。在朋友面前，她总是表现出"绝对不让朋友吃亏"的气场。只要朋友稍微提出一点要求，阿琴绝对是有求必应。从这个方面来看，阿琴表现出了极强的利他性：只要是朋友需要的，哪怕自己牺牲一点也没有关系。所以，在朋友眼中，阿琴是一个特别直爽慷慨、有义气的好姐妹儿。

总体来看，阿琴对自己的生活是比较满意的：有一份稳定的工作，有一个对她不错的老公，还有一个懂事的儿子。阿琴的父母和阿琴住在一起，可以帮阿琴分担一部分的家务。

但阿琴并不喜欢她的母亲。阿琴觉得，她的母亲是一个"双面人"，对外人特别和善，对自己家人特别凶，而且情绪很难控制。她的母亲认为另一半（阿琴的父亲）没有承担起一个家庭的责任，每天只知道"自顾自"，认为孩子（阿琴）社交能力太差。阿琴小时候的生活就是在吵闹声中度过的，内心暗暗觉得："长大了我一定不能像母亲一样那么凶。"

阿琴觉得自己的另一半虽然品行和善，有工作能力，但并不是那种"有担当的男人"。两人结婚后，大小事都需要阿琴出面解决，另一半因不能接受与岳父岳母一起生活，于是和自己父母生活在一起，对孩子的学习关心也不够。两人之间很少发生争执，即使阿琴情绪爆发，另一半也是一再忍让。

阿琴觉得自己的儿子虽然懂事、听话、成绩好，但是与人相处比较困难，如果能再"外向"一点，就更好了。

....

久而久之，阿琴发现自己对生活越来越不满，突然有了一种让自己很可怕的联系：自己和母亲为人处事的方式越来越像了。

心理学里有个名词叫家庭代际创伤，是指在一个家庭中，一代又一代传递下去的心理创伤。

荣格说，这是因为那些保留于我们无意识的创伤并未得到解决，所以它们才会像"命运"一般重现于我们的生命中。弗洛伊德也说，创伤再现，或者说"强迫性重复"是对未处理好的事件的无意识重演。

比如先辈中有人非正常死亡，遭遇或目睹灾难发生，或者身体、情感受创的，可能会将这些事件带来的心理创伤或心理疾病直接或间接地传递给家族中的某一位或几位后代。他们的这些后代，虽然未直接暴露于伤害事件中，却依然受其影响，总是莫名其妙地重复悲剧和痛苦。

巴塞尔·范德考克是一位荷兰的精神病医生，他因为创伤后应激方面的研究而被人们熟知。

他解释道，当人们经历创伤时，大脑的语言中枢便停止工作，负责感知当下的中前额叶皮层也停止了工作。他将创伤中"无法言语的恐惧"描述为一种"失语"的体验，这是当处于危险情境时，大脑的记忆通路受到阻碍时会发生的普遍情况。

不过，这一切并非静默的：那些在创伤事件后重现的片段（文字、画面、闪现的念头），它们构成了一种关于我们所承受痛苦的隐秘语言。什么都未曾消失，只是形式发生了变化。

各种不同类型与强度的负面事件，它们所带来的痛苦会一代代地流动下去。

其实阿琴的例子，算是创伤代际遗传中的一个。在不了解一个人的过去之前，不要谈理解。阿琴母亲的成长经历可能在一定程度上造就了母亲的个性。或者我们还可以更进一步，看看阿琴外祖父母的人生经历。

由于近一百年国内的社会环境发生了巨大的变化，人生海海，作为一个普通老百姓，接受自己与生俱来的身份，无论是抗拒还是顺应，都是时代变迁中的一分子。

阿琴的外祖父家境殷实，随着时代变迁，后期家道中落，外祖父母的身份受到了许多非议和指责。

到了特殊时期，阿琴的母亲刚好上中学，成绩很好，长得也漂亮，但由于身份问题，时常被班级的同学数落、欺负。那个时候，阿琴的母亲很焦虑，希望同学们能认同她、接受她，希望有个人能站在她前面保护她。

随着时代的变迁，阿琴的母亲已成年，还是那么漂亮，待人热情，善谈能干，但特殊时期给她留下的伤疤一直存在。

每当人际关系发生问题，或是身边人对她不理不睬的时候，她就会变得很焦虑。

2. 创伤的传递在有意识和无意识之间传递

在与父母相处的过程中，通过父母受到创伤影响的具体生活细节，后代可以感受到创伤的传递。比如体貌特征，父母向后代讲述受难过程中留下的疤痕；在后代人身上看到灾难中丧失亲人的身体特征；听到后代唱起某支具有特殊意义的歌；或者幸存者看着后代的眼神、无言的眼泪和半夜的尖叫；以及和去世的亲人一样的名字，等等。这些都足以勾起幸存者对创伤的回忆，激起他们各式各样的反应。而作为后代，也会慢慢在父辈的反应中习得家庭的某些规则和行为方式，意识到一些异样和秘密的存在。

创伤通过人际关系，传递了无意识中被置换了的情感。精神分析理论强调，创伤通过无意识的认同过程进行传递，是自体和客体分化失败的结果。即原初创伤者无法在意识层面表达的情感传递给后代，被后代无意识接收，并以各种问题的形式表现出来，完成一个"投射性认同"的过程。

虽然阿琴在意识层面不喜欢自己的母亲，但通过母亲回忆过去的耳语之间，她知道母亲现在的生活得来不易，潜意识接受着这种伤痛经历的传递，通过身份认同的方式，来表达对母亲的爱。

由于母亲在教养阿琴的时候，也会潜移默化将自己学生时代的缺失，投射在阿琴身上，对阿琴有了社交成就的期待，而不顾阿琴自己的意愿，刻意要求阿琴热情、友好、合群。母亲可能在无意之间表达自己最深层的恐惧，比如：你这样，没有人会喜欢你的。

3. 如何告别家庭创伤的代际传递

德国心理学家阿芙·葛拉赫曾对大量受难者的内心创伤做了研究。他和他的团队发现，这种创伤最长可持续五六代人之多。许多创伤的表现形式，都是以孩子们的阴影继续存在的。

想要告别家庭创伤的代际传递，可以尝试以下努力：

（1）接纳已发生的事实

承认自己的童年是糟糕的，父母确实没有用正确的方式来爱你。

（2）看到上一代的局限

父母的成长环境、家庭环境或许也很糟糕，他们主观意愿上或许并没有想要伤害你，对于自己的人格，他们也无能为力。

（3）学会自我负责

作为一个成年人，要相信自己有选择的能力，你可以选择和过去告别，成为一个为自己负责，也自由自在的个体。

精神分析师、自体心理学大家科胡特说过，"我印象中最具创造性的生命，是那些尽管在早期遭遇了深切的创伤，但（通过各种途径）能够找到朝向内在完整性的方法，从而获得新结构的个体。"

坚持住，别放弃。未来的那个你会弥补现在和过去的你。

04

为什么你在关系里总是惴惴不安

● 心理关键词：自我厌恶

美国心理学家弗兰克尔在他的著作《活出生命的意义》这本书里，讲述了他曾经在 20 世纪 30 年代被关押在奥斯威辛集中营的经历。他奇迹般地活了下来，然而也有很多人在这里被结束了生命。在奥斯威辛集中营的每一天，对于那些被囚困于此的人来说，活得都很紧张，因为他们不知道自己能不能活到明天，因此每一个今天都让他们惴惴不安。

1. 总是有一种很不安的感觉

在关系中常常感到不安，是一种什么感觉呢？

比如：对方回信息较晚，想到的是"他（她）一定很讨厌我，不想理我"；有朋友给提了一个建议，想到的是"他（她）一定是觉得我在这方面做得太糟糕了"；爱人告诉自己晚上要参加一个聚会，想到的是"和他（她）一起吃饭的人是男士还是女士"；工作会议上，有同事在总结时表示感谢，想到的是"他（她）为什么会说我的好话，是不是有什么其他目的"……总之，无论是在友情、爱情还是职场中，一个人总是习惯性地保持高度警惕和紧张的状态，无法真正地放松下来，就是不安的感觉。

一个人若总是有这种不安的感觉，很大程度上和我们早期的依恋风格有关。依恋理论最早是由英国心理学家约翰·鲍尔比最早提出来的。通过不断发展，心理学家们后来将人的依恋风格分为安全型、焦虑－反抗型、回避型这三种依恋类型，它将持续影响我们直至成年，我们对恋人的选择、在亲密关系中的行为风格、如何表达爱等，都会受到依恋风格的影响。

焦虑－反抗型依恋，以及有回避倾向的依恋都会让我们在关系中感到不安，究其原因，是因为当我们还是婴儿的时候，我们的需求父母没有给予正确的、及时的回应，致使我们从内心深处担心自己的安全。这种不安感伴随着我们长大，最终形成了比较稳定的依恋风格，以及在关系中的种种表现。

2. 自我批评的内在话语

焦虑－反抗型依恋或者回避型依恋，是通过内在批评式的话语来完成对我们安全感的剥夺的。

假设你现在处于婴儿期或者懵懂的两三岁，你想要让你的妈妈给你喂饭，于是通过呼喊声来提醒她，但是她并没有对你的行为给予任何回应。然而更糟糕的是，由于抚养方式具有稳定的连续性，你的妈妈不仅这次没有回应你，而是常常不回应你，或者用批评的方式来回应你："你都多大了，还让我喂你吃饭。"请问，在这样的抚养环境下，你会有什么想法或者感受呢？

你大概会觉得"妈妈不太喜欢我"，又或者会觉得"我这样大呼小叫，是不是真的错了"，大概也会想"天啊，妈妈不会因为我的表现不要我了吧"，等等——这些思考过程，就是在形成自我批评内在话语的过程。

自我批评的内在话语的形成与早期痛苦的记忆有关，这些记忆有的来自对父母的观察学习，有的来自亲身经历，它促使我们形成最初对自己或亲近的人的负面态度。当我们长大成人，它已被吸收、被内化，成为我们自动思维的一部分，变成我们与人相处时的行为风格。时间隔得越久，这种声音就内化得越多，最终成为某种自我信念。

这种自我批评的内在话语，我们也可以叫作自我厌恶，或者自我憎恨，它从根本上让我们觉得自己各个方面是不够好的，也会觉得自己不配拥有那些好的关系或者好的东西。这种"我不好"的信念会削弱自我的力量感，让我们担心自己在关系中是否能够被接纳，有时也会把这种挑剔通过投射的方式释放给外界，从而怀疑对方是不是在嫌弃自己或者要离开自己。

自我厌恶除了让我们在关系里时刻感到惴惴不安外，也会让我们较久地停留在一段不好的关系里。

3. 自我厌恶真的难以摆脱吗

我有一位来访者，他就是一个习惯性自我厌恶的人，持续跟我咨询了三年，现在依然在进行咨询治疗。看到这里，你或许会问：持续咨询了三年还没有摆脱自我厌恶，难道它真的那么难吗？

不可否认，每个人的人格特质是不同的，对于创伤的修复力也会不太一样，因此不能用单一的案例来言之凿凿地说自我厌恶难以摆脱。但它也确实不像我们得了一场感冒那样，很容易就痊愈。

首先，自我厌恶一般都来自早年的某些创伤性体验，世界知名心理创伤治疗大师巴塞尔·范德考克在他的《身体从未忘记》中，是这么说的：我们当然都希望走出创伤，然而，负责我们基本生存功能的那部分大脑（深藏于我们的理性大脑之下）并不擅长否认记忆。即使创伤性经历过去了很久，这部分大脑也有可能在一些轻微的危险信号下激活大脑的应激回路，让大脑产生大量的压力荷尔蒙。

也就是说，创伤经历可能改变了大脑结构，让那些习惯自我厌恶的人有了一定的生理基础。

其次，自我厌恶会帮助人们沉浸在一种掌控感的假相中。获得掌控感，对于我们来说很重要，但是我们也能明白其实很多事情不在我们的掌控之中，这对于心理健康的人来说是完全可以接受的事实。但是对于一个缺乏安全感的人来说，如果不能掌控外部环境，会引来灾难性的幻想，所以他们需要更强的掌控力。对于自我厌恶的人来说，他们同样需要较高的掌控力，来确保内心的安全状态，他们更喜欢把一切变化归结为"自己不够好"，比如"如果我够好了，对方就会喜欢我了""如果我够好了，这件事情就可以做成了"，这样的归因方式，让他们觉得一切都可控，自己很安全。

想要走出自我厌恶的牢笼，其实可以尝试这样做：

首先，要确信自己已经"足够好"。

英国精神分析师温尼科特在母婴关系的心理研究中，提出过一个"足够好的妈妈"这样一个概念，他指的是一个母亲不可能做到完美，也无须做到完美，只要做到差不多就行了。

同样的道理，对于我们每个人来说，我们不可能做到完美，每个人注定会有多多少少的小毛病和小缺陷，正是这些不完美让我们体验到真实的力量。所以要从内心深处坚信自己拥有人类基本的善良、真诚、友爱等品质，因为这些品质可以说明你是一个足够好的人了。

其次，多看自己的优点，少看自己的缺点。

自我厌恶的人习惯盯着自己的缺点，继而不断自我批评。想要改变这样的习惯，不妨换个视角，那就是多看自己的长处。

管理学中有个"长板理论"，指的是一个人的成就取决于他的长处，而非他的短处，把自己的长处发挥到极致，就可以活得很绽放。当你能够习惯看着自己的长处，并不断强化它的时候，就会减少自我厌恶，从而帮助自己打开"喜欢上自己"的闸门。

再次，也可以寻找拥有爱的能力的个体。

自我厌恶从本质上来说，是由于缺乏被爱和被关注的体验造成的，不妨去寻求一些外力的支持。如果你发现身边有一些朋友很真诚、很有同理心、很愿意倾听你的故事，那你不妨多和他（她）待在一起，让自己从他（她）那里获得一些被支持和被爱的体验，这也有助于自我厌恶的改善。

作为一名心理咨询师，我始终相信，童年不会决定我们的一生，我们每个人都具备重塑自我的能力，只要你深信自己能够有一些积极的变化，生命就会如你所愿地绽放。

05

活在滤镜下，怎么能不累

● 心理关键词：假我人格

累，是现代人生活中的一个关键词。

"996"、房贷、车贷、孩子的各种兴趣班……每一项单独拿出来都让人眉头紧锁，一套"组合拳"下来，更是直接让人想瞬间趴倒在地。

伴随着生活上的累和心理上的累，诸如家庭关系、亲子关系、职场关系等，每一项处理起来都不轻松。不过，在这一系列的累中，有一种比较特别的"累"，来自我们不能够坦然地做自己，而是习惯带着面具来应对生活，我们将其称之为"假我人格"。

1. 优秀的自己是个"冒牌货"

晓婷在公司特别受欢迎，合群、识大体，人缘很好。她办事能力很强，深受公司领导的赏识，入职不久就被提拔。

在朋友面前，晓婷很少与他人发生争执，她似乎总能理解别人的处境，站在朋友的角度考虑问题。在朋友感到困惑或者难过的时候，及时给予鼓励和帮助。在朋友心里，她不仅阳光、自信、温暖，还是一个值得依赖的"知心姐姐"。

在恋人面前，晓婷是一个标准的好恋人。她总是能够敏锐地发现恋人的需求，很少任性，也不闹脾气。恋人玩游戏的时候，她就在一旁安静地看书。和恋人参加聚会的时候，她又给足了恋人面子。

按照这样的逻辑来看，晓婷内心应该是很开心的。可是，事实上她并不开心。因为她知道，自己每天一睁开眼，便开始演戏，演一部叫作"如何做一个优秀的人"的戏。

每天表演得越优秀，她就越会觉得自己是一个"冒牌货"。

心理学家莱恩在《分裂的自我》中提到，人在成长过程中会发展出"假自我"来应对社会与外界的各种吞没，以保护内在自我的独立与自在。但如果内在自我长期无法获得实际的人生体验，则会在克制与避让中变得僵化，最后"引以为豪的内心自我"终成为虚无一片。

周到、体贴、精明、上进，这些或许是晓婷的一部分自我，但是对于一个整体的人而言，不可能只有高光而毫无晦暗。对于晓婷而言，在很多时候，她也会体验到孤独、脆弱、无助、困难，但是她把这些在自己看来是负面的感受悄悄地藏起来，哪怕是最亲近的人，也绝不展示，这就意味着，她带上了"假我人格"的面具，把一部分真实的自己掩藏在别人发现不了的角落。

一个人在外表现得越"浮夸"，在内则可能越"亏损"。当周围人都倾慕她的优秀时，晓婷自己内心怀疑的声音也越来越明显：这真的是我吗？

2."假我人格"如何形成

为了更加深刻体会"假我"的形成过程，下面我们来玩一个情境体验的游戏：假设你是一个很内向的孩子，不怎么喜欢和小朋友玩，只喜欢一个人在房间里看书。有一天下午，你妈妈在家休息，她看见院子里有一群小朋友在玩游戏，就问你要不要和他们去玩。你说你不去，你想看书。

妈妈听到你的回答，有点生气，并告诉你不能一直宅在家里看书，应该多出去和小朋友一起交流、玩耍。可是你内心还是不太情愿，你的妈妈就强制带着你出了家门。

你内心想和小朋友们一起玩，可是又不敢和他们一起玩，于是你就待在远处看着他们玩。晚上你父亲下班回家后，看你很不开心，然后你把妈妈强迫你和小朋友们玩儿的事情告诉了他。你的父亲听后，立即和你的母亲争吵起来。

好了，请假想一下，在这个情境下的你会有什么样的感受和想法呢？是的，你会忍不住责怪自己，你觉得"要不是自己，爸爸和妈妈就不会吵架了""如果自己能向其他小朋友一样开朗外向，妈妈也不会那么生气了"。

为了平息家庭的战争，也为了不让母亲那么失望，你努力让自己做到像其他小朋友一样开朗，假装自己很喜欢和他们一起玩儿——慢慢地，你的"假我人格"在这样的环境中，逐渐形成。

"假我"最早是由英国精神分析师温尼科特提出来的，也称"虚假自体"。正如你在情境实验中所看到的那样，一个人的虚假自体和最初的养育者有着很大的关联，我们暂时把这些养育者统称为"母亲"。在这些母亲中，有一些是"足够好的母亲"，她们对孩子的需求敏感，了解孩子们的个性，尊重他们的边界，同时还能根据孩子的需要进行适应和改变。这样的孩子往往可以发展为"真实的自体"，即可以认识到自己的独特性、自主性、创造性，同时能有效地适应社会，与社会互动。

相反那些"不够好的母亲"，则不能及时感知到孩子们的需求，对孩子们有着自己立场的期待，希望孩子按自己的想法一步一步来。对孩子的成长过于焦虑，无法和孩子分离；因为情绪化，难以让孩子获得稳定的行为塑造；因为关注别的事情（工作忙、社交多），让孩子有意无意地被忽略。这些因素混杂在一起，促使孩子在成长过程中需要迎合母亲，并掩藏自己的真实需求，来确保自己的"安全感"。

我们每个人多少都会有一些"假我人格"，比如为了自己的社会发展，会在不同的场合表现出自己虚假的一面，这样的"假我人格"是合理的。真正让人困扰的是一个人完全丧失真实的能力，分不清自己和他人的界限，以至于始终活在一种"虚假状态"下。如果一个人一直处在"虚假状态"下，本质上意味着他（她）否定了真实的自己，这是对自己的一种彻头彻尾的攻击。一个人对自己的攻击，具体的表现方式就是会觉得特别累，或者体会不到快乐，更严重的可能会诱发身心疾病。

前面提到的那个让自己持续扮演优秀的晓婷，本质上就是回避了自己脆弱的部分，对自己展开了剧烈的攻击，最终导致整个人不会由于优秀而开心，而是产生自我怀疑。

3. 如何摆脱"假我"的控制

"假我人格"就像我们人格层面的一件雨衣，披着它可以为我们遮风挡雨，但穿着它，甚至都忘记了被雨衣裹住的自己究竟是什么样子。想要摆脱"虚假自我"对自己的控制，可以尝试这样来做：

首先，学会识别"假我"。

习惯被"假我人格"控制的人，在很大程度上，已经很难分辨到底什么才是真实的自己，什么又是虚假的自己，所以对于他们来说，先学会识别什么是假的自我尤为重要。

"假我人格"最大的一个特征就是它经不起周围人的质疑。不妨回忆一下，自己哪些身份和特质是相对脆弱的。如果你非常努力做到，同时又非常在意别人的想法，那可能意味着这一身份或特质，是你要证明给别人看的，并不是自己本身认同的。

比如你可能一直觉得自己是一个很随和开朗的人，可是你的母亲却建议你脾气要好一点，不要那么倔强，对此你可能会很疑惑甚至委屈，不妨仔细想一下，或许你的"随和开朗"是假自我，而母亲口中的"倔强"才是你的真自我。

其次，放下你的"应该指令"。

"假我人格"通常会伴随一句口头禅，叫作"我应该如何如何"，这个"应该指令"很多时候并非出于自己的主观意愿，而是在成长过程中由于经常满足他人需要而养成的习惯。所以，当你再说"我应该如何如何"的时候，不妨问问自己，这些应该背后，自己的需求是什么？是被他人认可吗？是得到称赞吗？是证明自己的价值感、存在感吗？是想得到内心真正的放松和惬意吗？如果答案是为了满足他人而非愉悦自己，那么你可以大胆放下所谓的"应该"，而是去做一些自己真心喜欢的事情。试着放过自己，你会发现做一次"瘪了气的气球"是多么幸福的一件事。

真实，是一种勇气，是让人真正"活"过来的唯一途径。当你开始能够真实地面对自己，你就可以告别虚无一片的人生。

06

你以为结束的，可能才刚刚开始

● 心理关键词：未完成情结

有些难以忘记的事件，可能在潜移默化地影响着我们的日常行为。那些我们以为结束的事件，由于没有在内心画上句号，可能会在心中生了根，影响我们后面的生活。

1. 爱收集鞋子的"洛丽塔"女士

我的一个朋友，是一枚典型的职场女强人。但她有两个特别之处：第一，喜欢把自己打扮成"洛丽塔"式的可爱少女风；第二，特别喜欢收集鞋子，款式是那种复古的、带扣的皮鞋。

有一次，我和她外出聚会，忍不住好奇，就问她为什么喜欢这么反差萌的打扮，她说其实她的内心一直希望自己是这个样子。

这位朋友跟我说，在她小时候，父母并不希望她是个柔弱的女孩子，所以很少给她买可爱的裙子和皮鞋。而她一直很羡慕其他的女孩子，有很多可爱的衣服和玩具。在她五岁那年，母亲答应送给她一双很喜欢的皮鞋，可是遗憾的是，当她生日到来的时候，那双心仪的鞋子已经卖没了。她说，她当时就想："如果有一天我有钱了，就买很多双不一样的皮鞋，然后换着穿。"

现在的她长大了，经济也独立了，小时候关于皮鞋的那个梦想实现了，她隔三岔五地就会给自己买一双新皮鞋，尽管买皮鞋带给自己的快乐很短暂，但是她还是忍不住地买买买，对此，周围的朋友都开玩笑地称呼她为"洛丽塔"女士。

像我这位朋友的经历，在生活中其实很常见，比如：因为没有正式地和一个人好好告别，所以内心总是放不下对方；小时候痴迷的某种食物，因为需求未被满足，长大后选择拼命去吃；错失了一个原本可以抓住的机会，总是会幻想如果当初那样做，现在的结果肯定不一样，等等，我们在心理学上，把这些事情的发生都叫作"未竟之事"。

2. 蔡格尼克效应与"未完成情结"

"未竟之事"，又被称为"未完成事件"，它在心理学上的解释是人们尚未获得圆满解决或彻底弥合的既往情境，尤其是创伤和艰难状况情境，同时，也包含由此引发且未表达出来的情感，包括悔恨、愤怒、怨恨、痛苦、焦虑、悲伤、罪恶、遗弃等。用通俗的语言来说，就是那些让你魂牵梦绕，让你多年都没有办法放下的，在很久之前发生但至今仍会影响你的行为决策的事情。

为什么"未完成事件"比那些"痛苦的完成式"更让人刻骨铭心？

早在 1927 年，苏联心理学家 B.B. 蔡格尼克就曾做过实验探究人对于"未完成事件"的记忆效应，他让被试者做 22 件简单的工作。在这些工作中，只有一半允许做完，另一半在没有做完时就叫停。允许做完和不允许做完的工作出现的顺序是随机排列的。做完实验后，在出乎被试者意料的情况下，他立刻让被试者回忆这 22 件工作，结果是未完成的工作平均可回忆 68%，而已完成的工作只能回忆 43%。未完成的工作比已完成的工作的记忆保持得较好，这种现象就叫蔡格尼克效应，这个实验也说明了"未完成"的会更加刻骨铭心。

在生活中，我们总是在有意识或者无意识中追求对"未完成事件"进行补偿的意向，就是我们所说的"未完成情结"。

3. "得不到的，永远有欲望"

没有得到的鞋子，真的是对鞋子的渴望吗？如果只是对鞋子渴望，那么"洛丽塔"女士应该在买了几双鞋子后就应该能获得满足感，但显然她并没有因此而得到满足，所以才会不停地买下去。未完成情结并不仅仅是未完成的事情，它指向了更深的含义：我们和重要他人的关系。

成年后有些重复性的努力可能看起来很上进，这些努力甚至可以为你取得一些成就。但不难发现，这些重复性的努力背后都指向同一个心理动机：满足童年时期的自己。这些匮乏可能来自经济上的、面貌上的、能力上的，可惜的是这些重复性努力的结果即使让我们成就再高，反馈内心的感受往往也很一致，那就是"徒劳"——一种依然错过了的感觉。

比如"洛丽塔"女士，假如她的父母充分满足了她真实的需求，即使没有得到那双皮鞋，她也不会为此感到遗憾，因为她对自己的需求充满信心。

由于未完成事件往往映射出我们早年与重要他人的关系，而具体事件就像是一个爆发点，所以对于这类事件来说，一个重要的共性就是"无法通过弥补具体事件"来获得圆满感。就像"洛丽塔"女士，即使她买了全世界所有的皮鞋，她也无法从中获得"完成感"。因为事实上，她的真实需求是没有得到父母的关注。

未完成情结就像带着童年的匮乏感，即使在成年期变成了一个富有的人，依然会带着对金钱的强烈焦虑；童年被父母苛刻要求好成绩的个体，成年后即使知识再渊博，依然会产生一种无知的焦虑；童年时没有获得情感支持的个体，成年后找到了伴侣，潜意识里总渴望被对方看到、被对方满足，如果对方无法做到，他（她）便会爱上别人……这就是"得不到的，永远在骚动"背后真实的原因。

4. "未完成情结"的影响和应对方式

正如《少年派的奇幻漂流》中那句经典台词：人生总是不断地放下，但遗憾的是我们来不及好好说再见。对于那些"未完成事件"，一个人最明显的情绪体验，大概就是遗憾，但是其实穿越遗憾，你会发现那里包含了大量的愤怒、指责、委屈，就像那个爱收藏皮鞋的"洛丽塔"女士，不仅遗憾错失了喜欢的鞋子，还隐藏大量对父母的抱怨。

这些被隐藏的情绪，由于"未完成"，也被我们深深地压抑在自己的潜意识里，它们会以某种不可名状的姿态，外化成我们对内或者对外的攻击。而这种"未完成"的情绪也会造成我们大量的心理损耗，影响我们去更好地完成其他的事情，从而给生活造成一个恶性循环。

不仅如此，为了应对这种"满足不了"的互动关系，一个人还可能发展出"降低需求"的防御方式。长大成人后，他们也许会表现为被动与回避：不敢表达自己的真实需求、真实情感，由于害怕被拒绝，他们往往先拒绝别人。

那么，对于"未完成情结"，我们该如何处理呢？

完形治疗创始人波尔斯认为，觉察是疗愈的开始，所以当你感到焦虑或匮乏的时候不要一直去问为什么，而是要停下来问自己内在发生了什么。当你终于不再抵抗、不逃避自己的感受时，才能好好地去经历接触那个真正的"未竟之事"。

就好像"洛丽塔"女士，如果她有足够好的觉察能力，她也许会发现自己真正渴望的其实并非漂亮的鞋子，而是来自父母对自己的肯定和接纳，那么她可能就停下对美丽鞋子的追逐了。

人生不如意者，十之八九。我们这一生总是会错过一些什么，也许是一段感情、一个人、一个喜欢的物品，一个难得的机会……但不管错过什么，也都是人生中一程的风景。既然人生无法重来，就让我们好好面对这眼前的一切吧。

07

每天喊着独立的你，可能未必真的独立

● 心理关键词：假性独立

"这是一个最好的时代，也是一个最坏的时代；这是一个智慧的年代，这是一个愚蠢的年代；这是一个信任的时期，这是一个怀疑的时期。

"这是一个光明的季节，这是一个黑暗的季节；这是希望之春，这是失望之冬；人们面前应有尽有，人们面前一无所有；人们正踏上天堂之路，人们正走向地狱之门。"

一百多年前，英国作家狄更斯写下的这段话，可以描述一个时代，其实也可以用来描述一个个体，比如那些假装自己很强大、很独立、不需要任何人，但内心对爱的渴望却无比强烈的人，他们内心充满了混沌和矛盾，心理学上把他们称为"假性独立者"。

1. 英子的故事

英子是我的发小，现在是一家律师事务所的创始人。她是家里的长女，弟弟比她小两岁，妹妹比她小五岁。小时候，她的父母是个体经营户，每天早出晚归。英子除完成自己的作业外，还要帮父母做家务和照顾弟弟妹妹。

在英子看来，这就是生活：什么事情都得自己来，遇到问题了也要自己想办法解决，因为周围没有人可以依靠。

慢慢地，独立和能干，已经成为英子性格中最突出的部分。相应的，她变得不习惯别人来帮助自己，也不习惯别人热情地对待自己。她对自己的要求很高、气场强大，经常得到周围人的仰慕和钦佩。

雷厉风行的女强人背后，也有属于自己的困惑。对于英子来说，她觉得自己好像无法与他人建立亲密关系。几任男友，都因为她过于"强势"，感受不到"自己存在的价值"，选择自动离开。也正因此，已经过了三十五岁生日的英子，至今一直单身。

英子觉得自己换煤气、换灯泡，甚至一个人发烧40摄氏度半夜打车去医院看病输液很正常……

闺蜜劝英子要学习"需要他人"的能力。英子这样回答：有求人的时间，自己早就把问题解决好了。

当然，如此潇洒的英子也会在某个灯火阑珊的夜晚，期待旁边有个人能够让自己依偎；或者在某个节日的大街上，渴望有个人与自己手牵手，但每当这样的想法冒出来的时候，她都告诉自己"不要这么想，一个人多自由啊"。

2. 用"强势"隔离掉"爱与被爱"

心理学里把亲密关系成功的建立，称为"关系性自我"的建立。关系性自我的建立，源自自我体像关系的认同。

我们来打个比方：当我们单身的时候，你就是你，你的恋人就是你的恋人，你们各自有着独立的自我。随着关系的深入，双方一步一步地了解，情投意合，互相之间越来越信任，自我表露越来越自然，由于镜像神经元的"作祟"，你们之间的言行举止，越来越相似。

你感到，他（她）好像就是另一个你，他（她）也感到，你好像就是另外一个他（她）。此时你们之间会变成"共谋"的状态，有商有量，形成一个共享的内部，来与外界互动。

在这样的"关系性自我"中，我们不会感到世界只有自己，而是会感到自己的世界中始终有一个重要他人，他（她）理解我、信任我、支持我，我们也在这样的关系中获得精神上的安全需求和归属需求。

对于"假性独立"的人来说，让自己接受别人是有困难的。因为他们已经习惯用坚持自我的方式，来应对生活中的各种挑战。不是他们不需要别人，而是如果他们一旦需要别人，内心的羞耻感就会被唤醒。如果用通俗的语言来表达，就是打肿脸充胖子、死要面子活受罪、打掉牙齿往肚里吞，等等。

这种"不需要他人"的感觉也会让假性独立者产生一种全能感，他（她）觉得自己无所不能，对自己的情感、冲动和欲望等有绝对的控制力。

对于英子来说，或许在一些具体的事情上，她确实不需要别人的帮忙，但是她不知道的是，在情感上她是需要别人的。"独立地完成

"一切"虽然能让她确保自己的自我价值感，但与此同时，她也把所有人都挡在了自己的世界之外。

爱与被爱是人类生命力最重要的源泉，失去了这种体验，再多的世俗成就也无法弥补心灵上的荒芜。

3. 假性独立的产生来源

说起假性独立，又不得不谈到依恋理论。事实上，假性独立是回避型依赖的重要特征：假装没事。研究者关于婴儿陌生情境的研究发现，对于养育者离开再回来的情境，那些表现得无动于衷（回避型）的婴儿，并非真的不在意。如果测查他们的生理指标，在养育者离开后，那些与紧张相关的激素水平也会升高。

简单地说，也就是那些回避型的孩子，虽然表现得不在意，其实还是在意的。"依恋之父"鲍尔比谈到，如果照料者对儿童的需求表现出冷漠和拒绝，那么个体就会认为自己是不值得去爱，而且他人是不可靠的。

从教养方式来看，养育者对孩子情感需求上的忽视，或者孩子需要照顾时养育者却不在场，那么孩子在内心深处就会建立起一个不安全的关系模式，潜意识里会担心如果将自己"托付"于他人，就会重复早年所经历的痛苦。

同时，这些孩子可能还获得了"自我验证"式的成功：通过独自解决问题的成功经验，来进一步获得自信和胜任感，从此自己更习惯靠自己的力量，而不是去依赖他人，强化自己"不需要他人"的信念。

对于假性独立者来说，依赖另一个人，会让自己面临失控的风险，让自己的内心重新经历儿时的无助感，因此他们不敢依赖他人，拒绝帮助，变得要强，较难认错。

严重假性独立的人，童年时期没有跟父母亲密互动的体验，所以本质上，总是自己在跟自己玩儿，无法感受到别人是一个独立真实存在的外部客体，无法共情别人。虽然看上去是在跟人对话，其实是把内部客体的角色强行投射到别人身上，自说自话，自导自演。

在自我认同方面，假性独立者往往容易形成对抗性的自我认同，即通过拒绝和反对来让自己感受到自己的存在。

4. 如何摆脱"假性独立"

首先要认识到，自己并不是一个"全能战士"。

尝试想象，如果有一天"自己如果不能解决问题"了，会发生什么事情？能感觉到什么？

其次，试着和儿时的自己脱离。

你现在已经是成年人了，已经脱离了当时的环境，告诉自己你可以放下以前的重担，即使现在你不是全能选手，生活并不会因此分崩离析。就像英子，小时候由于特殊原因，父母无法让她依靠，可是现在，环境改变了，她的朋友、同事乃至父母，也许都能够成为她的依靠。

再次，尝试着自我暴露。

你可以找到身边让你感到最信任、最安全的关系对象进行练习。告诉他（她），你需要他（她），你的生活因为有他在身边而变得更加美好。

也可以尝试有意地找朋友帮忙办点小事，比如帮忙买一份早餐，渐渐地，你对他人的信任会从小事中一点一点地积累起来。

最后，也可以从恋爱中找寻信任的关系。

恋爱，也是练习去爱，试着在关系中关照自己的需求和情绪，也可以告诉对方你的害怕和紧张。当你发现对方并没有因此而逃跑，也许你就可以从"独立殿堂"走下来，感受人间爱与被爱的温暖。

· 笔 · 记 · 栏 ·

恋爱

第二章

绘者：王云涛

有一天，
我们遇见了另一只刺猬，
才发现自己其实并不是那么糟糕

01

没办法长时间喜欢一个人，是病吗

● **心理关键词：理想化他人**

愿得一人心，白首不相离——这样的有关爱情的美好承诺，大概每个人都曾经说过，但当爱情真的到来时，很多人却发现，想要做到"白首不相离"似乎太难了。不仅如此，也有相当一部分人发现，自己只要热恋期一过，就觉得关系索然无味，重要的是，每段关系都是如此，以至于他们不得不暗暗怀疑自己是不是有什么毛病。

1. 为什么会喜欢一个人

你有没有仔细想过一个问题，你为什么会喜欢上一个人？

对此，你也许会找到一百种答案：性格好、长得好看、心地善良、工作能力强、爱笑、家庭背景好、努力上进、对自己友好、关系融洽、人缘好、主动积极……

对于你这一百种答案，如果我再继续深究，你也许就会发现，这些答案其实都不是真正的答案。不信的话，不妨试着回答：如果是因为"性格好"，那周围性格好的人不只他（她）一个，你为什么偏偏喜欢他（她）？

怎么样？是不是觉得自己喜欢一个人的理由似乎有点说不通？

这时候，你可能会说，反正他（她）就是给我一种"很特别的感觉"，别人虽然性格也好，可是就没有这种感觉。

恭喜你，"很特别的感觉"已经接近答案的真相了。

心理学认为，<u>伴侣关系是母婴关系的一种延续。渴望亲密关系是人的本能，我们终其一生都在寻找在母亲体内的感觉，即安全、温暖、柔软、被爱包裹的感觉。</u>所以，当我们喜欢一个人的时候，并不是那个人具体的某个特点打动了你，而是他（她）的某些特点唤醒了你潜意识里深层的记忆，让你找到熟悉的、类似在母体内的感觉。

在爱情之初，这种"朦胧的感觉"是双方最有力的联结，而这份"朦胧的感觉"更多地来自我们对对方的想象——他（她）是温暖的、有力的、能理解我的、能支持我的、能接纳我所有的脆弱的、能给我带来安全感和归属感的——总之，在我们的想象里，对方简直就是量身为自己打造的人，完美无缺。

恋爱之初的这场单方面的想象，在心理学上被称为"理想化他人"，指的是我们并没有完全了解真实的对方是什么样子，而是完全凭借自己的需要，投射出了一个符合我们自身需要的人。

2. 伴侣关系的三个阶段

一段亲密关系的建立，大概要经历三个阶段，分别是：迷恋期、冲突期、依恋期。

关系之初的迷恋期，就是以双方的"理想化"开始的，在不完全了解对方究竟是一个怎样的人的前提下，由于对新关系的兴奋和期待，伴随着肾上腺素的不断上升，两个人在自己的世界里"虚构"了一个完全符合自己期待的伴侣模样。

迷恋期的时间持续得并不长，有心理学家研究表明，大多数人的迷恋期一般维持在七个月左右就会结束了，当然，有些人的时间可能会更短，三个月左右就从自己所造的梦里走出来了。

迷恋期过后，就会迎来冲突期，我们也可以叫作融合期。当双方经过一段时间的真实接触，就会发现原来对方和自己想象得并不一样：我以为她和我一样有品位，喜欢看小众影片的，没想到她居然喜欢追"肥皂剧"；我以为他业余时间会喜欢出去旅行的，没想到他每个周末都宅在家；我以为她温柔独立，能够理解和支持我的工作，没想到她却时刻让我报备行踪，像对待犯人一样对待我；我以为他能像个顶天立地的男人一样，在我生气的时候可以主动道歉，没想到他最擅长的是冷战……当"真实的"和"想象的"发生巨大冲突的时候，双方就进入了冲突期，他们争执、争吵、指责对方骗了自己。

进入冲突期后，真实的关系才浮现出来。对于真实的关系，有些人能够接受，会顺利进入下一个阶段；而有一些人接受不了，关系就会止步于此。冲突期并没有明确的时间周期，有些人可能很快适应真实的对方，也有人一辈子都在和对方争吵。

关系的最后，就来到了依恋期。在这个阶段，你是什么样子的人，我自己又是什么样子的人，彼此的心里都已经很清楚了，可能相互之间还是有所期待，但是在大多数的时间里，也都懂得对一些看不惯的事情莞尔一笑了。与此同时，在摘下理想化的面具后，由于双方都呈现了真实的自我，并且彼此接纳了真实的自我，这份关系除了更加真实，也更具有深刻的联结和疗愈属性，你能从对方那里获得一种安全感和归属感，就好像不管多晚回家，你都知道家里有个人、有盏灯在等着自己。你们的关系进入了深水区，彼此完成了深刻的依恋。

3. 无法接受真实的自己

在热恋之后就觉得关系索然无味、没办法长时间喜欢一个人——这些描述，本质上都是指在亲密关系的建立上，这个人只能度过迷恋期，无法走进冲突期。

一个人没有办法走入冲突期，表面上看，似乎是在说，这个人没有办法接受真实的对方，但在心理学的角度来看，其实是因为他（她）无法接受真实的自己。

一个真正接纳自己的人，对自己是没有很多限制性信息的，会坦然地接受自己的一切，比如身材不那么好、皮肤不那么好、唱歌不太好听、性格有点内向、不太喜欢热闹，等等。对于自我接纳的人来说，这些都不是问题，他（她）可以坦然地面对这一切，也不会因为别人的指指点点而有任何的羞耻感。

因为他（她）对自我的一切都接纳，也就意味着对关系中另一半也会有很宽的接纳度，所以当对方呈现出真实的自我与自己想象得不一样的时候，他（她）能够很快地调整过来，接纳对方真实的样子。

反之，一个无法自我接纳的人，对自己会有很多限制，比如他（她）可能讨厌自己自卑、内向、不善于讲话等，所以会尽量避免让自己表现出自己讨厌的部分，同时也会把这部分"不好的自己"投射出去，当另一半呈现出他（她）的禁忌特征的时候，他（她）会很讨厌对方，就像 Ta 很讨厌一部分自己一样。

一个无法接纳真实自己的人，也无法接纳真实的对方。与此同时，他（她）其实用一种"理想化"的方式来塑造一个完美形象，并不是因为喜欢或者爱，而是因为他（她）的潜意识里期待那个完美形象可以接纳自己、甚至拯救自己。

答案已经很明显了，那些没有办法长时间喜欢一个人的人，他们不能算有什么毛病，但是至少心里都有一部分自我还没有接纳的阴影，并且，他们希望能找到一个理想的人，完成对他们的接纳。

4. 如何走入真实的关系

对于想要摆脱目前的困境，建立长期稳定的关系的人，可以尝试以下几点：

首先，要知道遗憾是无法弥补的。

你之所以那么渴望一个理想化的伴侣，本质上是需要对方帮你弥补童年缺失的遗憾。可真相是，遗憾是没有办法弥补的，这就好像你错过了今早的日出，就永远错过了是一个道理，正因如此，要放下找一个人弥补遗憾的心理期待。尽管遗憾不能弥补，但幸运的是，你想要的体验和经历，可以去重新创造，这就意味着你要带着好奇心和一个真实的人，去一起努力，看看你们能够创造出什么样的关系，而不是直接否定对方。

其次，不逃离，保持真诚的沟通。

每当你在关系中体验到失望的时候，不妨提醒自己，不要逃离，带着好奇心看看接下来会发生什么，与此同时，学会真诚地和对方沟通，坦然地说出自己所渴望的，真诚地告诉对方让你觉得失望的，并且针对问题提出双方都认可的具体解决办法。

磨合的过程，意味着彼此要减掉自己的一部分需求来满足对方，这样才能让关系稳步向前，而不是站在自己的世界里，对对方颐指气使。

此外，爱的信念很重要。

爱的信念就是相信自己有爱的能力，也相信对方有爱的能力，彼此会在关系中不断学习，从而让自己因为对方而变成更好的人。

很多时候，我们无法在关系中坚持下去，也是因为我们潜意识里对自己的不自信，我们不相信自己值得被爱，也不相信自己有爱的能力，所以一个又一个微小的矛盾，都能称为我们结束关系的借口。

真正美好的关系并不是两个完美的人相遇，而是两个不完美的人为了完美的关系，共同学习，不断成长。在这条路上，我们获得了灵魂的抚慰和爱的滋养，同时，我们也会惊奇地看见自己，原来可以那么不一样。

02

为什么我总是被同一种类型的人吸引

● 心理关键词：恋父／母情结

加西亚·马尔克斯在他的著作《霍乱时期的爱情》中说道："说到底，爱情是一种本能，要么第一次就会，要么就一辈子不会。"不仅如此，对于一些人来说，爱情不仅是本能，更是一种轮回，因为他们发现，自己爱来爱去，爱的都是同一种人。

1. 像妈妈的前女友们

宋琦是我的一位朋友，在刚刚过去的三十七岁的生日会上，他宣布自己恢复了单身，这好像是他的第五段恋情，原本计划迈入婚姻关系的恋爱，在不满两年的时候戛然而止。

这段恋情的失败让宋琦感到有一点受挫，不止如此，他还发现一个惊人的秘密，就是不管一个女孩子在和他相处之初的性格是什么样子，在相处一段时间之后，都会变成同一个样子——充满控制欲的、对他总是喜欢以盘问的方式来对待的人。

这究竟是怎么回事儿？自己到底哪里出了问题，宋琦忍不住发出这样的疑问。

在怀疑这一切究竟是不是天意的时候，宋琦似乎也找到了一种很熟悉的感觉，是的，这种被控制的感觉很熟悉，在他很小的时候，他的母亲就习惯控制他。

在宋琦的原生家庭中，母亲是强势的一方，也是事业有成的一方，作为一家国有企业的总经理，母亲强势的气场不仅体现在职场中，在家庭中也处处尽显，比如她会像指挥员工一样指挥自己的丈夫，并常说"老宋啊，你这里做得不对"，或者要求自己的儿子"宋琦，我限你在今天之内把你书桌上的那些漫画书全部丢掉或者送人，不许再看"等等。在宋琦的记忆里，母亲的角色就像古代君王，任何意见都不得反驳，自己只能遵守。

在这样的母子关系里，宋琦成了一个很听话的小孩儿，学习成绩也不错，母亲甚是满意。虽然在青春期的时候，宋琦也像其他男生那样偷偷抽烟、聚众打架，但没发生几次，就被母亲发现了，母亲以断了宋琦经济自由的方式，让他乖乖地不再犯错。

宋琦从小的时候就发誓，当自己长大之后，一定不会找一个像母亲这样的女人恋爱、结婚，相反，他要找一个和母亲性格截然相反的女性：温柔、体贴、乖巧可爱，什么事情都听他的。然而真相就如你所看到的一样，他极力逃避的最终都成了梦魇般的现实，每一任前女友最终都变成了他所熟悉的母亲的样子。

宋琦感到绝望，更不懂究竟何以至此。

2. 你想改造你的父母

我们总以为自己的恋爱地图来自我们的独立意识，社会教育、学校教育以及我们独特的审美决定了我们会喜欢什么样的异性——这有一定的道理，却不是真相。事实上，我们究竟会和什么样的人恋爱、结婚，更大一部分取决于我们的童年经历。

在很小的时候，大概我们三四岁的时候，就体验到了对于异性的占有和欲望，这个时候父亲/母亲成为我们爱的对象，我们希望自己能够取代母亲/父亲，成为他们的伴侣——这个时期，也被精神分析师弗洛伊德称为"俄狄浦斯期"（恋母情结）/厄勒克特拉情结（恋父情结）。在这个阶段，父亲或者母亲成为我们心目中伴侣的"原型"。

经过教育引导和自我成长，虽然我们的脑子里慢慢不再有"占有父亲/母亲"的想法，但是关爱的想象和印记，并没有消除，我们潜意识里还是希望能够找到一位像父亲或者母亲一样的伴侣，因为父亲或者母亲的形象，代表了安全、可靠、温暖、港湾，能够提供爱所要求的安全感和归属感。

当然，并不是所有的父母形象都代表着港湾，比如对于宋琦来说，母亲的形象并不是像温暖的港湾，倒是有些像魔爪，剥夺了他的自由和真实，所以他想拼命逃离。可是，为什么即便如此，他还是无法逃离呢？

一个孩子爱自己的父母是一种生命本能，因为父母给予了自己生命，在这份爱里，也寄托着孩子天生的渴望——他（她）希望自己的生命能够在父母的关怀下被看见，是充满活力的、自由的、蓬勃向上的。然而，并不是所有父母都能够满足孩子这种天生的渴望，由于他们自身的人格缺陷，带给孩子的可能是一种无意识的破坏性的养育，孩子在他们的养育中，感受不到自己被看见、被爱、被尊重，他们的生命力被压抑。

尽管父母的表现有时候不尽人意，但是生命深层的联结并不会因此消失，在某种程度上，我们还是会无意识地希望自己的父母能够变成我们所期待的模样，而与此同时，我们也能体验被爱的感觉。

当我们清晰地意识到，父母是无法改变的时候，这种潜意识的渴望就变成了一种缺失，同时也是一种动力——我要找到一个人，来满足我没有被满足的愿望，仅仅被爱还是不够的，这个人最好能够像我的父亲或者母亲，而且还能够爱我，这样我的缺失就可以被弥补了。

宋琦虽然口口声声地说自己要找一个和母亲完全不同的女性，但是潜意识还是引导着他去寻找那个看上去和母亲很像的人，在找到之后，宋琦潜意识里希望改变对方——既把对方改造成自己理想的伴侣，也是把对方改造成自己理想的母亲。

人只能在被接纳中改变，不能在被改造中改变，所以当宋琦找到一个又一个和母亲相似，但又渴望她们改变的前女友时，他的努力注定是徒劳的，她们不会改变。而他，就像当初想要逃离母亲一样，逃离每一任女朋友。

3. 走出轮回的梦魇

童年的经历虽然在很大程度上影响着我们的恋爱和婚姻，但也不意味着它就能够决定我们一生的幸福，有很多童年有过创伤经历的人，最终还是能够走出轮回，找到一个与自己真心相爱的人，既不是父母的翻版，也不是父母的反面，而是自己真真切切欣赏的、一个独特的人。

想要走出恋父 / 恋母情结的轮回，就需要完成自己的人格成长。如果把人比喻成一台精密的仪器，人格就像这台机器的芯片，决定了这台机器如何运转。

在人格没有成长之前，我们找伴侣最大的动力来源于我们的阴影部分，即缺失的、没有被满足的欲望，它通常和不被爱、被忽视、被抛弃等体验有着密切的关系。我们希望伴侣的出现，能够拯救我们糟糕的童年体验，希望他们像一个完美的父母那样，好好爱我们一次，以便让曾经破碎的心灵感受到一丝温暖和热度。

遗憾的是，这样的渴望越强烈，现实的打击就越残酷。因为当你渴望对方来满足你的阴影的时候，就意味着你把自己变成了关系中的婴儿，你无法付出、只能索取。而现实是，你已经是一个成年人，不管对方是谁，他（她）都不会把你真的当作一个婴儿来看待，他（她）会对你有所期待，就好像你对 Ta 也有所期待一样，并且在真实的关系中，他（她）也会常常让你感到失望，因为没有人能够真的成为一个完美的父亲或者母亲。

没有人会穿越到你的童年，修补你曾经破碎的心灵，这也意味着，你想做个婴儿被重新爱的幻想注定要幻灭——这就是关系中的真相。有些人看到这个真相，愿意放弃自己的幻想，把自己当成一个成年人去爱、去体验；而有些人抗拒幻想破灭，始终在潜意识里把自己当成婴儿。前者收获了爱情，而后者收获了心碎。

让人格成长的真谛，就是让自己从旧有的剧情中醒过来，从一个婴儿成长为一个成年人，不再期待谁来拯救自己，而是能够接受一个不太完美的、真实的人，和自己一起在一段关系中探险、收获。

如果宋琦不再期待去改造自己的母亲，而是接受真实的母亲就是有缺陷的，他或许就可以停下来，不再去寻找和母亲一样的女性，并且试图去改造她们。如果他还能意识到，童年的经历不能决定自己的将来，他拥有创造自己人生的自由，那么他可能就会对伴侣拥有更广阔的选择，比如温柔的、潇洒的、文艺的、个性的……。

让自己成为一个成年人，去创造属于自己独特的爱的旅程，而不是等待着谁来赏赐你，你就能够走出爱的轮回，看见爱情全新的模样。

03

你忍受不了的不是空窗期，而是被抛弃

● **心理关键词：被抛弃焦虑**

现实生活中存在这样一种人——他们永远在谈恋爱，几乎没有空窗期，有人误以为他们是"爱情猎手"，但事实上，他们可能没有你想象得那么潇洒。很多人无法没有空窗期，并非因为自己有多么高超的恋爱技能，而是源于自己的恐惧，被抛弃的恐惧。

1. "妈妈再也没回来"

对于王周来说，童年里最深的一次记忆，大概就是妈妈突然消失的那一次。那大概是他 4 岁的时候，妈妈有一天穿戴整齐，带了好多东西，然后跟王周说要带他去外婆家，王周听说舅舅家的两个孩子也在外婆家，所以他特别开心。

王周出生在贵州农村，外婆家有些偏僻，下了汽车之后，还要走上一段崎岖的山路。虽然路途并不平坦，但在王周的记忆里，外婆家青山绿水，环境美极了。

到了外婆家，大家一起吃了午饭，没过一会儿，妈妈走到王周的面前，蹲下来，双手握着王周幼小的肩膀，并跟他说"妈妈去村口的小卖部买些东西就回来，你在家要听外婆的话。"王周那时候和两个哥哥正玩得开心，很快就答应了妈妈，之后就跑开了。直到夜幕降临，他发现妈妈还没回来，这才想到妈妈是不是不回来了，于是哇哇大哭起来。

王周的母亲去城里打工了，直到年底时才回来，在消失的将近一年的时间里，王周已经适应了外婆家的生活，等妈妈回来之后，他只是觉得她比较陌生，并且不太愿意和她亲近。

母亲在家没待几天，就又离开了。和母亲常年不相见的日子，一直到王周初中毕业才结束。在他考上高中之后，到了城里，他终于见到了在城里打工的母亲。这时候的母子关系，已然形成了巨大的隔阂，每次见面，母亲都主动对王周嘘寒问暖，但王周却不知道要和母亲说什么。

王周和母亲的关系，在母亲突然消失的那一次开始，就没有得到过缓和。王周大学毕业后，也很少和家里联系，他独自生活在一线大城市。

王周的恋爱生活并不顺利，毕业没几年，却已经谈了好几任女朋友，每一任时间都不长。让王周不理解的是，他好像每次都能够在感情中做到无缝衔接，有时候甚至是这个还没有结束，下一段恋情就已经开始了。

王周不理解自己究竟为什么会变成这样，但他隐隐觉得，这一切的发生似乎和"妈妈再也没有回来"的那次经历有着隐秘的关系。

2. 被抛弃的阴影

王周的直觉是对的，他无法忍受空窗期，确实和他被抛弃的经历有关系，尽管在他母亲看来，可能那根本不算被抛弃。

从心理学的角度而言，"母亲"这个角色在每个人的成长过程中有着极为重要的作用，作为我们生命中最重要的客体，我们精神需求中的安全感和归属感都来自母亲，孩子越小，母亲的意义越重要。

如果母亲作为一个稳定的客体，持续陪伴在孩子身边，孩子就知道自己是安全的、是被爱的、被保护的、有归属的，那孩子在成长中就会释放出勇气、独立、愉悦，像一棵扎根很深的花木科植物，由于土壤肥沃，滋养丰富，最终开出繁盛的花。

反之，如果母亲不在我们的身边，就意味着我们缺失了重要的客体，就好像飘起的浮萍，没有了根系的滋养。幼小的孩子在这样的环境下，会感到安全感的缺乏，同时会怀疑自我价值，因为他们相信"如果我很好，母亲是不会离开我的"。他们开始变得警惕和不安、也难以相信他人、当然也不会真正地信任自己。

对于王周来说，虽然外婆也是一个很亲近的人，但终究还是无法取代母亲的角色，因为她之于他，不是唯一的、独特的联结，外婆还要照顾其他的孩子，这让王周觉得自己失去了母亲，自己被母亲抛弃了。

被抛弃的王周虽然在学业上很努力，并且如愿考进了理想的大学，但在感情深处，始终有一处疼痛，刮着呼啸不止的狂风。那一处伤痛提醒着他，他随时可能被人抛弃、他可能会陷入孤立无援的境地、他的世界充满了危险、没有人会稳定停留在他的身边、身边的人都不可靠……而与此同时，那处伤痛也藏着他的渴望：有一个能够对自己不离不弃的人永远爱着自己。

"其实很多时候我也会怀疑，我真的喜欢她吗？还是仅仅是为了身边能有一个人？"在谈及自己的恋爱经验时，王周说出了这样的困惑。他的困惑是有道理的，因为很多时候他确实仅仅是因为需要一个人，而不是喜欢对方。童年被抛弃的经历，让王周无法忍受独处，因为每一次独处都会引发他被抛弃的焦虑，他在独处中找不到自己的价值，只有身边有个人存在，他才意识到自己没有被抛弃，他的焦虑才能够被平复，他才能觉得自己是有价值的，自己是被人爱的。

这就是王周无法忍受空窗期的真相，他需要用一个又一个人去证明他没有被抛弃，他需要她们告诉他，他是有价值的。

3. 赋予创伤积极的意义

频繁地更换恋爱对象、无法忍受空窗期——这其中其实隐藏着大量的不可见的信息。之所以频繁地更换恋爱对象，是因为王周担心自己被抛弃的悲剧再次上演，所以当剧情还没到那一刻的时候，他就提前结束关系，避免重复体验被抛弃的感觉；当他每开展一段新恋情的时候，他也期待着对方是一个可以长久发展的对象，可以永远不离开他，可是由于他对被抛弃过分敏感，对方的任何争吵或者威胁都会让他迅速感到不安，所以很难建立长久的关系；不间断的恋爱并不会让他感受到幸福，相反由于不断重复的模式，他常常会感到无聊和劳累，有些时候还会感受到绝望……

王周想要像其他人一样，可以发展出正常的恋爱关系，那种稳定的、长久的、牢固的、温暖的恋爱关系。

网上曾经有一则漫画，说的是一个三角形去寻找自己的真爱，它找来找去，发现一个"圆形"处处完美，是自己的真爱。这个圆形也尝试去接受三角形的求爱，可是当他们尝试拥抱的时候，三角形的角太锋利了，以至于他们无法相爱。三角形不得不离开真爱。直到有一天，三角形把自己也磨成了圆形，它终于如愿以偿地能和圆形拥抱在一起，从此获得了真爱。

对于王周来说，现在的他就是漫画中的三角形，一段又一段的恋情，其实藏着他亟须解决的最本质的问题——自我价值感的确认问题。只有他确认了自己的价值，他才能够从被抛弃的阴影中走出来，才能够发展出独处的能力和正常恋爱的能力。

确认自我价值，一个重要的方法就是用"现实视角"替代"故事视角"。所谓"现实视角"，就是现实中发生的一切，比如他考上了理想的大学、他总是能够找到女朋友、他工作中的表现还不错，等等。如果他能够看到这些现实，并确认这些都代表了他的价值，他就能够比较容易不依赖于他人的评价，创造自己的价值体系。但是如果他沉迷"故事视角"，就意味着他沉迷在那个小男孩被抛弃的故事中无法自拔，他会无意识地忽略掉发生在现实生活中的一切，而是让童年阴影的情绪风暴席卷整个自己，这样的他会变得无力、依赖、无法自处。

很多时候，我们能够成为谁，并不是由我们经历什么而决定，而是由我们看待经历的视角所决定。如果我们能够赋予所有的经历以积极的意义，那么创伤其实会开出花来。如果王周意识到母亲的离开，其实是为了让他拥有更好的物质条件，他也许就会理解"这份被抛弃"的背后，其实也是沉甸甸的爱。

很多时候，由于种种原因限制，父母能够给予我们的只是生理上的养育，他们没有足够的能力从心理上养育我们，而我们其实可以凭借积极的态度和理解的视角尝试做自己的心理养育者。

04

总是说需要空间的另一半，是真的不爱你吗

● 心理关键词：被吞没焦虑

陪伴是最长情的告白，很多人判断一个人是否爱自己，会把陪伴作为一个重要的考虑指标。我有一个朋友就经常控诉自己的男朋友不爱自己，理由是"他总是说需要空间，让我自己干点什么，不陪我"。需要空间和陪伴矛盾吗？总是需要空间的另一半，到底爱不爱你？这或许要谈谈家庭中的边界问题。

1. 父母类型与边界意识

心理界限，就好像古代城墙的护城河或者城门，它指的是多大程度上可以保护自己不被别人入侵。我们每个人都有自己的心理边界，比如当别人问你收入多少、年纪多大等隐私问题时，你可能会

觉得不舒服，这种不舒服的感觉，就是在提示你，有人侵入了你的边界。

　　一个人的心理边界是随着自我意识逐渐建立起来的，"我"的意识越强烈，心理的边界感就越清晰。但是由于一个人的自我意识往往和家庭成长环境有密切关系，所以很大程度上，我们的父母，决定了我们心里边界的特点。

　　我们可以把父母暂时分为三个类别，分别是：依赖型父母、控制型父母、成熟型父母。

　　依赖型父母指的是父母的核心自我比较弱，不具备强大的人格能量，在很多方面，尤其是情绪管理上，他们更像是孩子，而那个真正的孩子往往在关系中扮演"大人"的角色。依赖型父母和孩子形成的关系是依赖共生的关系，即父母是依赖孩子的，这样的关系里，孩子是很难建立自己的心理边界的，因为他（她）时刻敞开着自己，准备好让自己的父母依赖。

　　控制型父母指的是在父母完全忽略孩子的主观能动性，不认可孩子的判断和选择，替孩子在很多事情上决策，让孩子感觉只有在父母的帮助下自己才能做出有利于自己的判断。在这样的关系里，孩子会经常感觉到"无论我做什么，他（她）都觉得我做得不够好。他（她）希望我按照他（她）所说的去做，只有这样才能少走弯路。他（她）觉得自己所做的一切都是为我好，所以一旦我违背了他（她）的意愿，他（她）就会觉得我不孝顺、没有良心"。在控制型父母的养育下，孩子也没有办法培养健康的心理边界，他无法捍卫自我真正在意或者喜欢的东西，随时要敞开自己的大门，交由父母指挥坐镇。

成熟性父母则好很多，由于父母的人格成熟度比较高，他们会把孩子作为一个独立的个体来尊重，对于孩子的成长，他们的引导大于说教、建议多于要求、倾听多于说理。在这样相对轻松和宽泛的环境里，孩子能够清晰地感知自我是谁，自我拥有怎样的权力，并且知道怎么捍卫自我的边界。

无论是依赖型父母还是控制型父母，他们培养出来的孩子，从小就出让了自己的边界，他们的世界有一种被人吞没的感觉，这种感觉里他们没有自我，他们的存在要么是为了拯救父母，要么是延续父母的遗憾，在这种感觉里，他们感到劳累，想要逃离。这种感觉，在心理上被称为"被吞没焦虑"。

2."给我一点空间"是一种防御

我们每个人最终都是要成为自己的，小时候的压迫越紧张，长大后的反抗就越强烈。对于从小就被入侵边界的孩子来说，他们在长大之后，最讨厌的事情就是别人入侵自己的边界。比如：你指挥他（她）去做什么事情、你给他（她）提出什么建议、你想每天和他（她）黏在一起、你频繁给他（她）发很长很长的信息、你在他（她）耳边不停唠叨……这一切都让他（她）无法忍受，如果你们是恋爱关系，很可能因为这些小事，就会接到他（她）的分手通知单。

讨厌自己边界被侵入，和能够维护好自己的边界是两件事儿。对于习惯自己边界被入侵的人来说，他们想要维护好自己的边界，首先要战胜自己的愧疚感。

因为儿时的经历，孩子无论是成为父母的依赖，还是成为父母的寄托，这里面都蕴藏着巨大的价值认同，也就是说，虽然父母侵入孩子的边界，但与此同时，父母也对自己表示了肯定和认同，孩子会认为边界入侵和价值认同是同时存在的，虽然边界入侵让人不舒服，但是有价值肯定做补偿，这种入侵才得以持续。

一旦当孩子尝试去反抗父母，不让父母入侵自己的边界，自己的世界要自己做主，这就意味着要面临一个巨大的问题：自我价值感的来源问题。"如果我对父母没用了，那我还有价值吗"，这是孩子潜意识里发出的疑问，阻挡着自己一次又一次与父母真正地分离。所以，尽管孩子讨厌别人入侵自己的边界，但当有人入侵的时候，尤其是父母入侵的时候，孩子几乎很难反抗，因为孩子的价值感来源于此。

讨厌别人入侵自己的边界是真实的，维护自己的边界又是艰难的，所以孩子便发展出了一些独特的防御方式，比如：请你给我点空间、不要总是要求我和你黏糊在一起、父母交代的事情拖延着办理，等等，总是试图在不打破关系的前提下，争取一点点属于自己的空间，能够让自己感受到自己做主的主体感。

所以，当你的男朋友和你说"请给我一点空间"的时候，不一定是他不爱你，而是因为他真的需要一点空间来做自己，这是一种防御策略，防御的是小时候那种被吞没的焦虑感。

3. 与父母分离，建立良好边界

虽然在理论上我们可以理解这种被吞没的焦虑，但是一个人如果时常被这种焦虑所笼罩，实际上会伤害他（她）自身的亲密关系，关系中的另一方会因为无法靠近他（她）而感到伤心失望，甚至远离。

亲密关系需要一种健康的边界，这种边界我们可以称之为弹性边界，也就是说在一些事情上，我们是可以彼此进入对方的世界的，而在一些原则性的问题上，我的边界是不可撼动的。

对于时常要保持自己空间的人来说，他们的边界由于过于强硬而很容易伤害关系，因此要尝试放开自己紧锁的大门，尝试让恋爱中的另一半能够进来。

要知道，被吞没的焦虑并不是另一半造成的，而是父母的养育方式造成的。

试想一下，如果不满足父母，你就没有价值了吗？如果做不到父母期待的样子，你就该对自己失望吗？

如果你能够真正地和父母完成心理上的分离，就意味着你心里边界的围墙被你盖好了，你也不用随时担心别人会闯进来，因为你已经有了保护自己的能力。而这时，你也不需要总是要求对方给你一些空间，因为你已经有能力去享受真正的亲密了。

没有谁会真正地吞没我们，除非我们自己愿意。如果能学会说不，拥有自由拒绝的能力，别人就没有办法顺利入侵我们的疆域。与其总是用一种特有的空间保护自己，不如学会认同自己独特的价值，学会大胆地拒绝别人，在勇往直前的生活里体验自由的快感。

05

比起恋爱，你宁愿在家撸猫？

● 心理关键词：爱无力

不知道从何时开始，谈恋爱已经成为当下年轻人最后才考虑的一环，提起恋爱，他们似乎都不屑一顾，会觉得"赚钱、自我成长、提升软实力"，似乎都比谈恋爱更有价值。与恋爱市场的萧条比起来，宠物经济呈逆势上扬的增长，遛狗、撸猫似乎成为年轻人的一种新的潮流生活方式。撸猫好过恋爱，有的人是觉得猫咪真的可爱，而有的人则是因爱无力，而把猫作为一个寄托。

1. 什么是爱无力

爱无力，也被称为爱无能，它指的是在一段关系里，一个人不具备爱的能力，不允许自己去爱，可以尽力维护好自己和他人的表面关系，但是拒绝进行深刻的情感联结，不想倾听别人的感觉，也不想表达自己的感觉。在具体表现上，爱无力者会在关系中呈现出以下一些特点：

（1）缺少共情能力，表现冷漠

当你心情不好或者状态比较差的时候，需要找一个人能够倾听和理解你，这对于爱无力的人来说是很难的，他们基本上不会对你共情，而是表现出冷漠或者回避，他们也许会说"是你想多了""不要那么敏感"等。

（2）基本不做任何重要承诺

爱无力的人在关系里很少承诺什么，因为承诺代表着付出和坚守，他们并不想在关系里付出什么。

（3）让你觉得有距离感

爱无力的人或许更喜欢异地恋，或者"周末夫妻"，对于信息和电话也不喜欢及时回复。通常会对自己的过去讳莫如深，对当下的状态也很少和别人分享，如果你的另一半是这样的人，那么会产生一种和他（她）之间有些距离的感觉。

（4）关系停留在表面和谐

爱无力的人有时候也可以成为一个好的伴侣，前提是你对深刻的情感联结没有特别的要求，比如他会按时回家、陪你吃饭，但如果你想要更多情绪上的互动，相对就比较难了，因为他们更喜欢让关系停留在一种表面和谐上，不喜欢将关系推进得更加深入。

（5）以自我为中心

爱无力的人总是喜欢以自己为中心，他们并不在乎别人的感受，而是喜欢自己被追逐、被环绕的感觉，他们很少主动去追求别人。在亲密关系中，他们喜欢做那个掌控节奏的人，无论是进度还是具体的约会时间。

形成爱无力的原因有很多，有些可能是由于童年阴影，跟自己从小不被爱的经历有关，也有一些可能是由于社会化过程中的一些经历所致，比如婚姻破碎、重要友情的丧失、紧密合作伙伴的背叛等。爱无力的表现也分为长期和暂时性，创伤比较严重且自身修复能力比较差的人，容易陷入长期爱无力，而那些突发性事件导致的爱无力，往往是短暂的。

2. 撸猫可以避免自恋受损

一个人爱无力，本质上是因为这个人不想把自己放在"可以去爱"的位置上。

爱别人要承担巨大的风险，比如在爱别人的过程中可能会希望得到一些积极的回应；也会期待关系能够在爱的过程中走向更紧密和更深刻的旅途；也想能够在爱的过程获得一些反向滋养……然而，他人是不可控的，对方未必如自己所愿的那样，给自己积极的回应、开展更深刻的关系，不仅如此，他们甚至也有可能做出一些伤害性的事件，说一些伤害性的话语——这一切，都是爱的风险。

对于一个人格成熟度比较高的人来说，爱的风险所带来的伤害性可能是有限的，他（她）在决定去爱的那一刻，就做好了承担这些风险，更重要的是，他（她）相信关系会向积极的方向发展。而对于一些童年有阴影的人来说，在爱中所受到的伤害是他们无法承受的，他们更不相信，关系真的能够好起来。

在爱的过程中如果体验到伤害，这会让一个人体验到自恋受损。为了避免体验自恋受损，很多人便把自己放在了不允许自己去爱的位置上，成为一个爱无力的人。

人类生来就是群体动物，对深刻的联结有着本能的渴望，所以即便一个人爱无力，也不意味着他不需要情感联结，只是恐惧让他停止了去爱。而与动物建立联结，却能够很好地解决受到伤害和自恋受损的问题。

首先，不担心动物会抛弃自己。

无论是猫还是狗，当它们被你领回家的那一天开始，你就对它们拥有绝对的主导权，这就好像一个婴儿对一个成年人的依赖一样，它们也会依赖你给它们提供生存所需的一切。这种掌控感会给你带来安全感，无须担心它们会离开你或者抛弃你。

其次，动物能够满足人类的情感投射。

情感联结最重要的一个部分就是情感互动，在人类的情感互动过程中，我们常常会因为对方一些消极的回应感到被伤害，但是在和动物的互动中，这种伤害几乎是没有的，因为很多时候，它们承载了很多人类投射出来的情感，比如你会觉得狗狗生气也很可爱，猫咪挠坏了沙发是很调皮，等等。在和动物的联结中，它们的反应是什么并不那么重要，因为那些反应所蕴含的意义都是由你来定义的。

此外，与动物联结能够激发人的价值感。

当猫或者狗成为你身边最重要的陪伴者的时候，它对于你来说就不再是一个宠物那么简单，而是一个很重要的客体，它带给你的一切体验都将成为你生命中非常重要的部分。与此同时，它的重要性也会激发你对它的照顾和陪伴，这也让你在这个过程中体验到自己的重要性和价值感，因为对于它来说，你是这个世界上最重要的人。

3. 如何撸好猫，也谈好恋爱

虽然撸猫或者养狗确实能够给人带来情感上的慰藉和满足，但是不可否认，一个人越习惯和宠物建立联结，就越难和人建立更深刻的情感，而这样的结果就是随着单身的时间越来越久，就越来越不想去爱一个人，放假就想宅在家里，娱乐主要靠手机，慢慢就把自己活成了一座孤岛。

不想把自己活成一座孤岛的最好方法，就是在能够撸猫的同时，也能够有能力与人发生真实而深刻的情感联结，这就意味着要让自己摆脱爱无力的状态。

摆脱爱无力，最根本的就是要解决内心深处有关信任的问题：信任自己有爱他人的能力、信任自己有建立关系的能力、信任别人不会那么轻易地离开自己、信任真实的人际关系会很美好、信任关系中的双方都有共同成长的意愿……

有了信任作为爱的地基，接下来就是解决内心的恐惧。或许曾经的经历带给过你伤害，未来的经历也有可能会带给你伤害，但是想想看，过去的那些伤害摧毁你了吗？没有，其实每一次伤害可能都让你变得更加强大，所以关系中的伤害没有你想象得那么可怕。更重要的是，不要让自己站在"受害者"的视角去解读关系，而尝试以"理解和共情"的高度去看待关系，那么你可能就会通过伤害看到对方的脆弱面，那自己也不会那么恐惧了。

此外，减少对真实关系的理想化程度。要理解每一个人都是极其复杂的，所以你期待一个人能够给予你"动物"般的回应，是不合理的，这是对关系的一种理想化。真实的关系，会带给你一些与你期待所不同的反应，这个时候不要急着失望，而是用你的好奇心去探索一下，对方为什么会这样。如果你能够用真实的态度去看待真实的关系，不完美的关系也会变得有趣起来。

无论是一部经典的戏剧，还是一部经典的小说，之所以好看，不是因为其中的故事一帆风顺，而恰恰在于其中的爱恨情仇曲折蜿蜒。人生如戏，能够体验真实的爱恨情仇，或许比待在自己营造出来的"动物王国"更刺激更好看，也更能赢回人生的票价。

06

恋爱中的口是心非，有那么难解吗

● 心理关键词：一致性表达

生活中有一种非常普遍的现象：说反话。

仔细想想，你肯定也有类似的时候：明明很喜欢一个人，嘴上却说着一些毫不在乎的话；明明内心已经很气愤了，却微笑着说"没事啊"；明明认为老板批评得不对，却连连点头称是……

一个人为什么要说反话呢？为什么不能坦坦荡荡表达内心真实的想法呢？说反话，对我们有着怎样隐秘的吸引力呢？

1. 我们为什么要说反话

小乐最近特别痛苦，因为她感觉自己好像失去了一段自己极其在乎的感情，她感觉自己脑海里都是那个男人的形象。她会幻想，如果他能来看她就好了；也会时常回想自己曾经和那个男人的一些聊天细节。

也许你会好奇，既然她这么痛苦，为什么就不能主动去联系一下那个让她朝思暮想的男人呢？

小乐说："我不能主动，主动就代表我输了。再说，当初也是我主动表示不想继续发展下去的"。

看到这里，你也许就更加奇怪了：一边说自己很喜欢那个男人，一边又主动结束关系；一边对对方朝思暮想，一边却死活不肯联系，小乐这不是自相矛盾，给自己制造痛苦吗？

没错，小乐的言语、行为和自己内心真实的想法是截然相反的，这是她痛苦的根源，可是，她为什么偏偏这样做呢？

或许不只是小乐，如果把小乐当成一面镜子，很多人可能都能从她的身上看见自己：总是口是心非，总是说一些或者做一些与内心完全不一致的事情。这当然很痛苦，可是和痛苦比起来，让他们表达自己内心真实的想法，更让人难以忍受。

这种口是心非的表现，在心理学上被视为一个人的防御，具体而言，小乐采用的就是"否认"的防御机制。那小乐到底在防御什么呢？

如果你能够和我一起走进小乐的内心世界，也许就会发现，小时候有将近六七年的寄养经历的小乐，由于在陌生的环境里常常感到不安，所以对人际关系过分拘谨，她的潜意识里也不太相信大家会喜欢她，因此她就喜欢把自己一个人锁在屋子里。当她长大以后，遇见自己喜欢的人，她就会像小时候一样，体验到不安和害怕，她害怕不被喜欢，也害怕遭受拒绝，所以，为了避免这些可怕的感受再次发生，她选择主动地离开，这样，她才能感到安全。

尽管并非每个人都有过被寄养的经历，但一个人违背自己的内心，说一些假话，就好像在交谊舞会上戴上面具一样，为的就是保护自己，不让别人看见真实的自己。展现真实的自己，对于他们而言，不仅是困难的，更是危险的象征。

2. 有一些"反话"可能是你意识不到的

小乐非常清楚，自己的言行是不一致的，如果她有足够大的勇气去面对自己真实的内心，那么她就有可能创造全然不同的新人生。

可也有一些人，自己常常说着"反话"，但他自己却浑然不觉。

阿金，一位30多岁的男性，在一家银行做信贷经理，他找我进行咨询的原因，是发现自己好像有些抑郁，生活缺乏热情，但是也不知道是什么原因导致的。

在回顾自己原生家庭的时候，阿金首先很肯定的是，他和父母的关系都非常好。然后他详细描述了自己"很好"的童年，他笑着说，小时候自己有点调皮，母亲总是骂他，还让他在家门口跪在搓衣板上让来来往往的人观看。如果自己不听话，母亲就用手里的扫把狠狠地打自己。

他满脸笑容地讲述这段经历的时候，好像是在说其他人的事情。我问他对此有什么感受，他说没有什么感受，说自己理解母亲的良苦用心，并且觉得母亲很不容易，他表示，自己很爱自己的母亲。

让我们穿梭一下时空，想象一下自己是个十来岁的小男孩，常常被母亲骂，还被母亲惩罚下跪和被打，当你看到来来往往的人们正看着罚跪的自己，你对那个惩罚你的母亲，会有什么感受呢？

是的，内心其实是会有愤怒的。

但是，阿金完全压抑了自己的愤怒，甚至将对母亲的愤怒完全转向了相反的方向——"我很爱我的母亲"。

将某件事情转向了完全相反的一面，这也是一种心理上的防御机制，叫作"反向形成"。这种防御，往往是无意识的，也就是说，很多人意识不到自己在违背自己的真实感受，比如有些人以"好人"自居，不会表达自己的愤怒；有些人格外自律，其实是不允许自己成为像懒散的父亲那样。

对于阿金来说，他对母亲的愤怒，从来没有被看见，一直被积压在潜意识里。愤怒的力量没有消失，就意味着那个不断责骂和惩罚他的母亲形象没有消失，所以即便母亲已经不再惩罚他了，他也还是会停不下来对自己进行攻击，而抑郁就是他自我攻击的结果。

那么，该如何觉察自己是否在用"反向形成"的方式来进行口是心非的表现呢？你可以试着多多观察自己，是否常常情绪暴躁？是否常常感到很疲乏？如果是这样的话，也许你正在某些方面，无意识地欺骗着自己。

3. 卸下防御，学会一致性表达

前两天和一个朋友聚会，她不无感慨地说："在沟通方面，我们真的该学学孩子。"之所以做如此感慨，是因为她有一次在辅导正在上一年级的儿子做作业，并且按照老师要求，要把阅读作业视频发送到班级群里。

儿子一边读着，这位母亲一边录着，读到一半的儿子突然抬头，说道："妈妈，你看着我，你别总是玩手机"。

朋友说，在那一刻，她看到儿子说出这样的话，颇受触动。

孩子希望你多关注他，就是直接用语言表达出来，而且表达得那么自然、流畅、理所当然。但是作为一个成年人，我们往往对于表达自己的需求，充满了重重阻碍，我们也许会觉得表达渴望是一件羞耻的事情，也许想在对话里赢得某种胜利，还想着试图通过对话来控制他人或者某个场景……太多的欲望，充斥在沟通里，使沟通不再是一条连接的桥梁，反而成了诱发战争的导火索，或者阻碍连接的铜墙铁壁。

美国著名的家庭治疗师萨提亚在她的书中，曾经提到了"一致性沟通"这个概念，它指的是我们的情感和我们的语言及身体表达要一致。比如，你身体很劳累的时候，嘴上却说着"我很好"，这不是一致性的表达；而像朋友儿子那样，渴望被母亲关注，就直接说"妈妈你多看我"，这就是一致性的表达。

<u>一致性的表达有利于我们建立与真实的自我、他人以及情境这三者之间的和谐关系，提升个体内在的力量感，从而去重塑自己的人生。</u>

宫崎骏的电影《千与千寻》中，小姑娘千寻在父母搬家的途中，误入了一个梦幻的世界，在这个新世界里，她的名字被剥夺了，千寻改名为"千"。她的朋友白龙告诉她，千万不能忘记自己的名字，否则就找不到回家的路了。

名字，在电影里也许只是一种象征式的暗喻，名字代表的是自我。一个忘记自我的人，不仅没有回家的路，其实也没有梦想之路可以走。宫崎骏试图用电影来告诉我们，一个人，最重要的是不能丢失自我。只要有自我在，灵魂有归途，梦想有远方。

同样，想要创造一段让人满意的恋爱关系，用口是心非的方式掩藏真实的自己是无法达成的，只有我们勇敢地战胜自己的怯懦，真实地表达自己，我们才有可能和满意的关系挥手相逢。

第三章

婚姻

绘者：王云涛

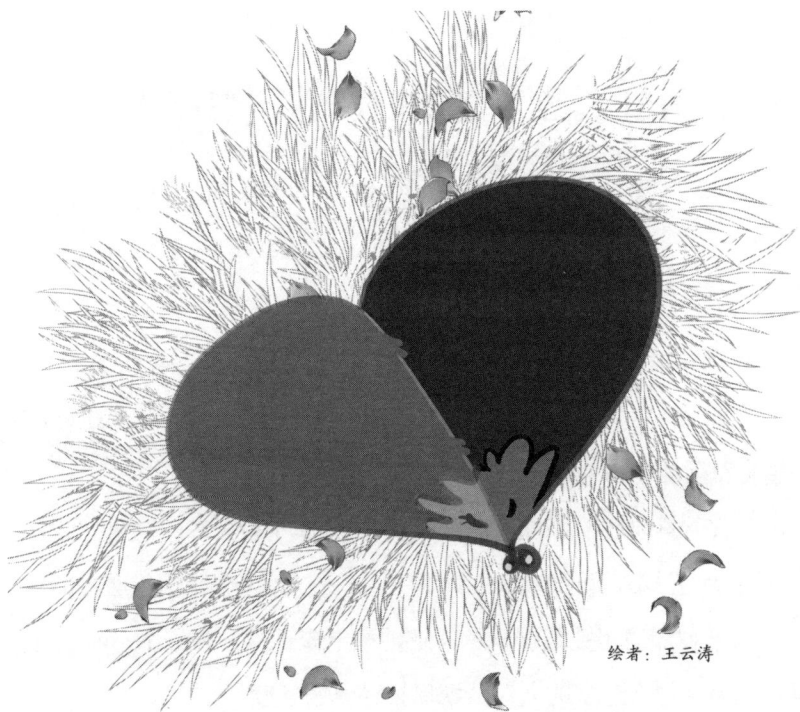

当我们脱下厚厚的保护壳，
才知道，
被看见的生命，是多么温暖和明亮

01

为什么越来越多的女性不想结婚

● 心理学关键词：自我忠诚

有媒体报道，2016 年天猫平台上的单人份商品市场供应同比增加 5.6 倍，消费增加 2.2 倍；而 30 到 40 岁人群中，近 40% 的人会选择独自享受看电影。

而在"就地过年"的倡导下，据一家外卖平台公布的数据，2022 年春节期间，全国外卖订单量同比增加 81%，一人食单量比去年增长 68%。

据民政部的相关数据显示：结婚率不断下跌，离婚率不断上升似乎也表明，越来越多的人对婚姻保持谨慎的态度。

1. 婚姻保持谨慎的原因

（1）传统的家庭功能正逐渐丧失

一家国际会计师事务所在 2016 年做的调查结果显示，中国企业女性高管占比 30%，国际排名第九，并且在过去的几年里，这一数据持续攀升。

她们无须裹着小脚，被婚姻裹挟在方寸之间；也无须女扮男装，遮掩性别去换取特权；她们只需要穿上服帖的职业套装，踩上几厘米的高跟鞋，收敛女性特有的柔软心肠，便可以在原本属于男性的世界里自由穿梭。

在人类社会发展中，家庭最原始和最重要的功能是经济功能，女人要依附男性才得以生存。但是随着商业社会的迅猛发展，家庭的经济功能和社会功能渐渐减弱：越来越多的女性走入职场，她们足以披荆斩棘开拓自己的生存空间；至于日常的生活需求，满屏的 App 足以满足。

在家庭的传统功能减弱的前提下，结婚的唯一动力就是建立一段长久的亲密关系；与此同时，也恰恰是因为女性的经济独立，导致她们对亲密关系的要求也会相应提高，会更加渴望伴侣在各个方面都会与自己相匹配，这无疑增加了建立婚姻关系的难度。

（2）失去更多可能性的机会成本

机会成本是一个经济学上的概念，它指的是，当我们从一系列互斥的选项中，选出最好的一项时，与此同时就失去了拥有其他选项的机会，失去了其他次好选项的价值。

所以，当很多人说"我还不想结婚"的时候，她内心真实的含义，是不想失去因为结婚带来的其他机会，这其中的"机会"包含两层含义，其一是其他可选择的结婚对象。

在约定俗成的婚姻关系当中，婚姻都是排他性的，所以一旦确定结婚，意味着就会失去与其他一些优秀的单身男士建立关系的机会，虽然很多人并不承认这一点，但是每个人都是一个独立的经济体，在每个人的潜意识里，总是会不经意地考虑着自己的得失。

其二是事业等其他自我实现价值的途径。

由于商业时代的飞速发展，女性在社会发展方面，面临越来越多的机会，这也成为她们考虑是否要结婚的一个重要原因。

人本主义心理学家马斯洛曾经说过，自我实现的需求是人类的终极需求，比起传统时代的女性满足于相夫教子的生活，越来越多的女性希望自己能够像男性一样，体验更多的生活可能性，驰骋疆场，长成一个气象万千的自己。

当这种自我实现的需求和婚姻发生冲突的时候，越来越多的女性会相信安全感是建立在自己强大的基础上，所以她们会择优选择，先让自己完满，再去考虑婚姻。

（3）对男性缺乏信任感

很多女性之所以迟迟不愿意进入婚姻，也有可能是因为缺乏对男性的信任感。这种信任感的缺失，既可能来自自己，也可能来自对方。

首先，回避型依恋模式让自己不相信对方。

我们对亲密关系的反应模式多是源于原生家庭的照顾，如果小时候在原生家庭照顾过程中，遇到了比较冷漠的照顾者，就会形成我们回避型的依恋模式。譬如小时候，我们感到痛苦或者紧张的时候，我们无法得到来自照顾者的关爱，甚至会得到训斥，这就会让我们渐渐地学会依靠自己，避免依靠他人。

当我们长大之后，这种依恋关系就会本能地发生在我们的亲密关系之中，譬如我们平常看到有些人在亲密关系中会表现出"一会儿亲密，一会又疏远"的往复态度，或者对方明明没做什么，你总是觉得"他好像没有那么爱我"，等等，这些都是因为依恋关系出了错，从而导致自身的安全感偏低，从而变得不太容易相信对方，也自然就不愿意建立婚姻。

其次，男性表现出一些不值得被信任的特质。

还有一些男性表现出对感情不忠诚、内在幼稚等行为或者人格特质，也会让女性在关系之中，感受到对男性的不信任。

信任是婚姻的基石，如果彼此之间缺乏信任，婚姻关系自然是很难建立的。

（4）不想给自己"添堵"

在现代部分男性的潜意识里，依旧认为女性是自己的附属品，他们习惯性地把女性的忍耐和付出视为理所当然，不知道"尊重"和"欣赏"女性。

正如我的朋友王晓蕾在描述自己和丈夫的关系时说："我最生气的不是他不帮我做家务，或者不帮我带孩子，而是他把这一切视为理所应当，他看不见我的付出。"

说起婚姻和家庭，大多数人也许想到的是女性，也有一些家庭，男性在做家务或者带孩子等方面属于"缺失状态"。

有些理性的女性，已经注意到了这一点，所以她们不想结婚的真实原因，其实是不想给自己"添堵"。

2. 婚姻与否不重要，忠于自己的感受最重要

"我到底要不要结婚"，每当有人问我类似的问题的时候，我通常都会回答：婚姻与否不重要，忠于自己的感受最重要。

无论是文学作品，还是现代偶像剧，我们都耳濡目染了太多关于美好爱情的故事和注解。诚然，一段好的亲密关系，确实能够提高我们的幸福感，但与此同时，我们不得不承认，所谓好的亲密关系，其实与忍让、承担、迁就是共存的。因为世界上没有两个完全相同的个体，当你选择与另一个人共同生活的时候，也代表着你选择了某些与自己的水火不容。

当你看清楚了这个真相，其实就会清楚，没有什么所谓更好的选择，结婚与否只是两个并存的生活方式。你选择有一个人陪伴，就要接受鸡毛蒜皮的争吵；你选择自由自在的生活，就要接受长时间的一个人吃晚饭。

当你不知道如何选择时候，你只需要问一下自己：有一个人陪伴，让你更快乐？还是自由自在的独处，让你更快乐。

比起婚姻这个外在形式，感受，才是幸福的内在本质。

只要你快乐，哪种选择都是对的。

02

别随便结婚，那是你的第二次生命

● 心理学关键词：自我负责

很多人到了 30 岁、35 岁，就特别渴望结婚。

结婚，意味着有人可以共担生活的苦难，自己没那么辛苦；结婚也意味着有人可以时常陪伴左右，去防御可怕的孤独；结婚还意味着，自己可以躲过"瞧，他（她）都那么大年纪了，还没结婚"的奇怪眼神，总之，结婚的好处，看上去很多。

但我想说的却是，你越是急于结婚，就越是要谨慎，因为婚姻，是你的第二次生命。

1. 婚姻，是原生家庭的延续

很多从小就在比较糟糕的家庭环境中成长的孩子，都长了一颗

"逃离家"的心，有的人用"去很远的地方读书"来逃离，有的人用"去很远的地方工作"来逃离，也有人用"结婚"来逃离。

我的朋友小慧，就决定用"婚姻"来逃离那个让她感到破碎和压抑的家庭，她说"只要能让我离开这个家就行，爱不爱的，没那么重要"。

因为迫切想要从家庭逃离，所以，婚姻成了一个救援工具。

可问题是，那些急急忙忙从原生家庭逃离出来的人们，通常都带着一身的伤：被抛弃的伤、被忽略是伤、被控制的伤、被吞没的伤……

因为满身是伤，婚姻这个救援工具就变成了一个药箱，而婚姻里的另一半就是药。

不是每一个人都能像徐静蕾一样，幸福地说："我总是有病，而你总是有药"。更普遍的现实是，那个满身是伤的人，眼里充满了被拯救的渴望，在婚姻里退化成一个"婴儿"，希望对方给自己妥帖的照顾、无尽的爱意、满心的宽容、足够的关注……希望把自己的整个世界，都交给另一半来负责。

这样一个过程，实际上是对另一半"理想化"的过程。因为有这样"理想化"的期许，所以就会在婚姻中对另一半有诸多的要求。就好像那个说"有爱没爱都行"的小慧，在进入婚姻之后，发现自己根本不是"有爱没爱都行"，而是想要很多很多：

◆ 我今天不高兴了，你怎么就没看出来？

◆ 我内心有这么多委屈，你怎么还可以这样说话？

◆ 你做的好多事情，都说明你不够爱我！

…………

期待越多，幻灭越大。因为每一个另一半都有他们自己的生活，也有自己的情绪要处理，总会展现出人性中的好坏参半。

可是像小慧这样满身是伤的人，根本没有能力去面对对方产生的坏情绪。所以在婚姻里，她仍然有很多委屈、很多愤怒、很多不满……依旧感受到自己很孤单、也很孤独。

婚姻，对于像小慧这样的人来说，成了原生家庭的延续。他（她）们带着内心的冲突，继续重复早年的痛苦。

2. 婚姻，可能带来新的创伤

除了延续原来的痛苦，婚姻还有可能带来新的创伤。

李明最近一直百思不得其解，自己为什么会出现一些强迫行为，比如每次停好车，总是要锁上几次才放心；让下属去处理的文件，总是要过问好多次，才确定没问题。这些强迫行为，让他劳心劳力，他试图想要找到这些问题的成因。

他像个心理医生一样，去回顾自己的童年，发现自己好像也没受过什么苛刻的对待，父母关系也没有很糟糕，好像成长的道路上没有明显的创伤痕迹。可是，为什么会产生强迫行为呢？而且他预感到，强迫行为会有加重的趋势。

强迫，是掌控的代名词。一个人如果发生强迫行为，意味着他试图努力去获得某种掌控感，换言之，由于生活中缺乏某种掌控感，他需要通过强迫的方式，来获取补偿性的满足。

李明确实在原生家庭中没有获得太大的创伤，他的这些强迫行为实际上是婚姻关系带来的结果。

李明的家境一般，他的爱人家境优越，由于生活方式和习惯不同，李明一直受到对方家庭的鄙夷和嫌弃。不仅如此，他的爱人在婚姻中也习惯性表现出颐指气使的姿态，而李明则处在一直压抑迎合的状态中。

长久对真实自我的压抑，会让李明体验到自我空间被剥夺，让他感受到对自己生活失去掌控感，这会让他有可能体验到弗洛伊德口中的"死亡焦虑"，即真实的自我被压抑。

为了避免体验这种感受，李明的潜意识就启动防御机制，强迫就是这样的机制，它可以帮助李明获取掌控感，拓展自我的空间。

强迫行为，虽然能给李明带来上述一些好处，但同时也带来很多不好的地方，比如会让他体验到焦虑、体验到痛苦等。

这种冲突，就是新的心理创伤，是婚姻关系赠给李明的"成长之礼"。

3. 结婚的前提，是学会自我负责

如果说出生，是我们的第一次生命，那么，婚姻就是我们的第二次生命。在足够漫长的婚姻生活中，我们会在无形中被另一半影响。

可是，很多人往往会忽略的是，我们也在影响着对方。

在婚姻中呈现出来的那些苛责、指控、怨怼以及不合理的期待，就好像坏掉的画笔，画出一个难堪的爱人。

与此同时，你却又希望这个难堪的爱人，可以把你刻画得美轮美奂……这是不是有点不通情理？

所以，如果想在婚姻这个第二次生命里获得新生，最重要的是你

也要做一支五彩斑斓的画笔。这支五彩斑斓的画笔，由自我负责、爱与被爱的能力构成。

自我负责，是指我们能够看见内心的那个黑洞，那里席卷着很深的怨怼，而对此，我们有能力去安抚它，而不是渴望由对方来填满它。

爱与被爱的能力，是指我们能够坦然地告诉对方，在第二次生命里，我愿意做一支好的画笔好好雕刻你，但是也希望你也成为一支好的画笔，好好刻画我。

只有基于这样的自我负责，我们才能够找到不竭的水源，去浇灌这第二次生命，让它在荒漠上开出繁盛的鲜花来。

不要在太饿的时候走进超市，因为你会选错东西；也不要在寂寞的时候走进一段感情，因为你可能会选错人。人在特殊的情境下选择的，永远都是自己最急需的，而不是自己最想要的。

当你急着要进入婚姻的时候，不妨慢下来，问一问自己：我准备好做一支五彩斑斓的画笔了吗？

03

有话，为什么不能好好说

● 心理学关键词：心智封闭

相信大家在生活中，总是能够遇见不会聊天的人。和这些人沟通，你总是感觉很别扭、很累，就像受到一万点暴击一样，特别受伤……他们貌似在和你沟通，但你就是觉得他们在自说自话，从来听不见你在说什么，从而让你完全失去了和他们沟通的兴趣。这样的人，他们习惯性封闭自己的心智，做一个心智上的"失聪者"。

1. 封闭心智的人，以自我感受为中心

小月是我的一个朋友，她特别喜欢找我"抱怨"她老公的种种不是，被她"抱怨"最多的就是——和他真的没有办法沟通。倘若我再仔细追问，不能沟通具体表现在哪些方面，小月总能滔滔不绝地提供

很多示例。

　　比如：夫妻两人出去吃饭，每次小月建议去吃什么，总是会被她老公以各种理由否定，最后去她老公选定的餐厅；小月看娱乐新闻说某某女明星很幸福的时候，她老公就会说，"你就是喜欢钱，看见人家有钱就觉得人家幸福"；小月看某些影视作品感动得落泪的时候，她老公又会说，"我为你付出那么多怎么不见你感动，你们文艺青年总是活在幻想里"……

　　每当遇见这样的情况，小月总是试图和她老公解释，比如自己为什么喜欢吃某一家餐厅、自己觉得某某明星幸福不是因为她有钱、自己为某个剧情感动也不是活在幻想里，等等。面对这样的解释，她老公表现出来的态度和方式总是出奇地一致：你说啥都没用，反正我就是这么认为的。很显然，在小月和她老公的关系里，她老公处于"心智封闭"的状态，这也是小月觉得彼此很难沟通的真正原因。

　　心智化理论，由英国精神分析学家彼特·福纳吉和他的工作小组提出，是指一个人认知自我和他人心理状态的能力，其中包括情绪、信仰、意图、欲望等。

　　基于这样的概念，我们很容易能理解"封闭心智"，即在人际交往中，个体习惯性以自我感受为中心，不能够很好地体察和感受他人的情绪和情感。

　　处于封闭心智状态的人，通常有一些典型的行为表现：

　　（1）对待人或事会很固执，很难听取他人意见；

　　（2）坚信自己的观点是正确的，其他人的观点都是错误的；

　　（3）喜欢在沟通中攻击对方，比如否定对方、给对方贴标签等；

（4）缺乏同理心：自己不愿意或者没有能力去体会和理解他人的心情；

2. 封闭心智是怎么炼成的

事实上，像小月老公这样的人，并不少见。不仅仅是在亲密关系中，生活和职场中，也总是能够见到把自己心智封闭起来的人。

比如我另外一个朋友，她常用的口头禅是："你这说的不对""我在江湖上这么多年了，这些事儿我还不知道吗""你们真是太幼稚了""你知不知道，你这样想会吃亏的"……总而言之，她所有的表达都在围绕着一个中心意思：我是对的，你是错的。

彼得·福纳吉的心智化理论，实际上是基于依恋关系理论发展起来的。福纳吉认为，一个人的心智化水平，既来自自己内在心智能力的发展，也来自人际关系的互动中他人心智化水平对自己的影响。这里的人际关系，更多强调的母婴关系。

让我们想想看，一个心智化水平比较低的妈妈，会怎样养育自己的孩子？

她可能对孩子的需求并不敏感，孩子明明是饿了而哇哇大哭，但这个妈妈却给孩子换尿不湿；孩子明明渴望妈妈的拥抱，母亲却把手机递给孩子来玩；孩子在外面被人欺负了想获得一些情感支持，母亲却骂这个孩子"你怎么那么没用？"

在这样的母婴关系互动中，孩子的情感需求总是得不到满足，就会引发两种潜意识层面的思考：

①妈妈这么糟糕地对待我，是我错了吗？

②我没做错什么，应该是妈妈错了。

对于一个幼小的孩子来说，承认"我错了"，意味着"我可能要失去妈妈对我的爱"。为了防止自我被毁灭，孩子会自动地认为是妈妈太糟糕了——言外之意，妈妈"是错误"——就这样，对外界充满敌意的心智模式就此形成了。

3. 开放心智，最重要的自省精神

从上文的分析中，我想大家已经都明白了，封闭心智，实际上是一个人对外界敌意的防御，他（她）需要让自己活在自己的世界中，才能确保自己的安全。

尽管从心理层面，我们可以理解封闭心智的动力和成因，但是在现实生活中，无论是封闭心智的人自己，还是和他们相处的人，都会觉得很不舒服、甚至很痛苦。一方面，封闭心智的人活在不安全的世界里；另一方面，和他们相处的人，时时刻刻感受到他们带来的敌意。

想要从痛苦中走出来，对于封闭心智的人来说，就要学会开放自己的心智。从封闭心智到开放心智，最关键的路径，就是学会自省。

自省，不是指事事都是自己错了，而是要学会内观，从内观中去发现到底是什么限制了自己，又有哪些资源可以开放自己，从而消化潜意识的敌意，获得平静愉悦的一种状态。

有效的内省，可以通过以下三步来实现：

（1）放下成见

如前文所言，封闭心智的人习惯的思维模式就是"我是对的，你是错的"，他们习惯性通过各种攻击方式来维护自我的正确性。可现实是，一个人不可能永远都是正确的，世界上的很多事情也不能简单地用正确和错误来判断。比如，有人说麻辣小龙虾好吃，可是对于一个不吃辣的人来说，它显然是没有感觉的。我们能说这两个人谁对谁错吗？所以，有效内省的第一步，就是要放下成见，即相信自己也有犯错的可能，或者双方可能都是对的。

（2）转换立场

转换立场，就是要站在对方角度去思考问题，这对于封闭心智的人来说虽很难，因为这会打破他（她）的安全感，体验到不适感，但却可以帮助我们看到事情的更多面和可能性。

比如，你的另一半很享受看话剧、听音乐会等过程，但这些在你眼里，除了浪费钱，就没有别的价值了。但如果你能站在对方的立场，可能就会有不一样的发现。

他（她）的父母都是文艺工作者，所以爱艺术是长在他（她）骨子里的；

他（她）平时工作很辛苦，看一些艺术演出可以很好地减压；

他（她）的领导就是学艺术的，这会增进他（她）的职场人际关系：

……

当一个人能够转换立场去看问题，就能够由此来看清自己的局限，从而获得更宽广的视角。

（3）与对方共情

有效自省的最后一步就是能够与对方共情，即你能够理解对方的情绪状态、情感感受。

比如，当你了解另一半为何这么喜欢观看文艺演出之后，就能体会：他（她）何时是开心的，何时又是落寞的；你怎样说，他（她）内心是愉悦的；你怎样说，他（她）内心又是失望的。当你能够体会对方的感受，并且给予恰当的反馈，这个过程就是共情，也就是我们常说的"我看见了你"。

04

希望你懂我，是破坏婚姻的撒手锏

● 心理学关键词：人际投射

"我们需要的不仅仅是一个异性，而是一个可以沟通的灵魂，有着相同的爱憎、眼界和格局，还有其他人不能给予的安宁"，网上流行的这句话，大概能够折射出很多人对理想伴侣的期待，这期待可以用简洁的两个字概括：懂我。

一个东西之所以能成为期待，一定是因为它的稀缺，同样，婚姻中的另一方能够懂自己也是小概率事件，大多数的"懂得"，其实都是"你以为你懂"。

1. "希望你懂我"会打破关系平衡

每个人的深层心理需求其实都是被看见，所以当一个人对婚姻中的另一半表达"希望你懂我"的时候，如果用心理学术语来翻译一下的话，应该是：希望你能看见我。

这种看见，不是物理意义上的看见，而是心理层面的看见，具体而言，包含了两层含义：一是能够看见我未曾表达的部分，即我的阴影或者创伤；二是满足我曾经没有被满足的部分，弥补我生命中留下的遗憾和缺失。

被看见确实是一种非常美好的体验，它能够让我们体验到内心被滋养，生命被点燃。但是在婚姻里去追求"被看见"的体验，却并不是一种明智的做法。

当一个人说"希望你懂我"或者"希望你看见我"的时候，本质上意味着他（她）把自己放在了被照顾、被疗愈的位置上，这也预示着给对方提出了巨大的要求：你必须是具备同理心的、你能够理解我心里深处的诉求、你能够给予我正确的情感回应、你能按照我期待的方式满足我的情感需求、你有巨大的心理容纳空间去接受我的退行、你是温柔且有力量的……看见了吗？当你要求对方看见你的时候，你已经把对方变成了一个"完美的妈妈"，或者一个"完美的心理咨询师"，而你自己，则变成了一个高需求的"婴儿"。

这样的心理位置和要求，打破了婚姻关系中的平等原则，在这样的关系中，你拥有的都是权力，而没有责任；对方则反之，有的全部都是责任，没有任何权力。

婚姻是一门讲究平衡的艺术，当你"希望你懂我"的诉求去打破这个平衡的时候，这个诉求注定不会被满足。哪怕对方再爱你、再努力，他（她）也终究会有被掏空的一天，以至于让关系无以为继。

2. "懂"或"不懂"很多时候是投射游戏

事实上，由于我们每个人的出生环境、成长经历、基因构成、读书品位等诸多项的不同，我们很难真正地去懂得一个人。不仅如此，很多时候，其实我们连自己都不懂，却又奢望另外一个人懂我们，这难道不是有点过于苛刻吗？生活中大多数的"懂"或者"不懂"，本质上其实都是人际间的投射游戏。

投射是心理学上一个比较重要的概念，简而言之，投射就是"我以为你是谁，你就是谁，至于真实的你是谁，我并没有多大的兴趣"。如果把一个人比喻为一部放映机，里面有底片、有操作杆。投射的过程，就是这个底片通过放映机来成像的过程——我们在幕布上看到什么，是因为这个底片里有什么。换言之，我们把自己拥有的情感、意志、行为动机等强加给另外一个人，这就是"投射"。

婚姻中有一些比较常见的现象，比如丈夫在单位加班和应酬，晚上 11 点钟还没回家，这时候妻子的理解可能是"就这么不愿意回家吗？酒桌上有什么让他眷恋的人吗"，并且伴随着蛛丝马迹的查询，越来越确定丈夫的应酬很可能只是一个"借口"，也许是……但当丈夫口口声声解释"有领导在，不能提前回来"的时候，妻子还是坚信自己的判断，于是彼此之间的"不懂"就产生了。

事实的真相是什么，对于这位妻子来说，在这时候已经不重要了，因为她内心巨大的愤怒和恐惧驱使她宁愿相信"他就是撒谎了"，在这时候，妻子的"懂"就来源于自己的投射。

丈夫希望妻子能够懂自己的不容易，妻子希望丈夫能够懂自己的担心顾虑，当婚姻中的两个人各自怀着不同的需求要求对方懂自己的时候，就会引发像上述这样的家庭内部战争。

懂得，要求的是双方站在同一阵营，有时候甚至要求对方能够站在自己的身边或者身后，能够理解自己、抱持自己。可是真实的婚姻是两个带着各自阴影的普通人，一起面对生活里的鸡毛蒜皮的过程，这里面的两个人，各自有各自的欲望，各自有各自的道理，想让其中的一方去抱持另一方，就是在说"请你放下你的权力，听我的"，这只能是理想化或者特殊化的情境下出现的场景。

大多数的普通婚姻，都是公说公有理、婆说婆有理，我们之间的"懂"或"不懂"只不过是坚持己见的一场投射游戏而已。

3. 虽然我现在不懂你，但是我愿意去努力

"希望你懂我"本质上也是对婚姻的一种认知误区，误以为婚姻是人生中某个重要的终点，在这个终点找到一个完美的灵魂伴侣，从此过上幸福的生活。可是婚姻并不是人生的终点，它更是一种全新生活方式的开端——两个完全不同的人，结合在一起，为了共同的生活目标，携手努力的开始。

如果能够用"开端视角"来看待婚姻的话，也许就不会对婚姻以及另一半抱有不合理的过高期待，而是以一种开放式的心态告诉对方：或许我现在还不完全懂你，但是没关系，我愿意去努力。

尝试去努力懂得彼此，而不是要求对方要懂得自己，才是对待婚姻的成熟态度。

想要在婚姻中能够懂得彼此，就要努力做到以下几点：

首先，真实地做自己，诚恳地做表达。

自己想要被人看见的前提，是一个人先要真实。对于自己的阴影也好，伤痛经历也罢，能够开诚布公地向对方展示出来，是彼此懂得的第一步，因为<u>任何深刻的关系，都是以真实和真诚为前提的</u>。

<u>在真实展现自己的同时，也要做到诚恳地表达，比如你对于自己阴影的部分也许会有羞愧感，这时候不妨把这种羞愧感告诉另一半，你诚恳的表达既是面对了自己的羞愧，也是为对方提供了一个帮你疗愈的机会，会加快你们彼此懂得步伐</u>。

其次，不要回避真正的问题。

很多人的婚姻生活被一层层迷雾掩盖着，比如一方出轨，表面上似乎是对感情不忠的问题，但深究下去，也许是其中一方或者双方的人格问题。再比如争吵，表面上看也许是观点不同的问题，再深究下去，也许你会发现，其实是伴侣歧视的问题。

想要建立互相懂得的婚姻关系，就要双方紧密合作，不要回避真正的问题，深入彼此的内心，找到心灵深处的羁绊，才有可能让关系更加真实和牢固。

此外，要主动学习沟通技巧。

经营婚姻关系是一门艺术，想要彼此懂得更是如此。<u>想要懂得，就要经过大量的沟通，好的沟通技巧可是让关系往良性的方向走得更深，所以，不要忽视沟通中的技巧，由于是当男女两种完全不同的生物体彼此面对的时候，沟通技巧就更加重要</u>。阅读是一种很好的学习方式，像《男人来自火星，女人来自金星》这种经典的两性著作，多看看总是有益处的。

　　美好的婚姻生活并不是以"我懂你"作为根基的，而是以"我愿意去努力"为基础的。寄希望于让对方懂自己，很容易给婚姻带来问题，而给对方懂自己的机会，婚姻关系就永远有生机。

05

想要婚姻过得好，对钱不能太"佛系"

● 心理学关键词：金钱羞耻

一段婚姻关系的好与坏，往往和很多因素有关。比如：两个人的成长是否同步、彼此的生活目标是否一致、性关系是否和谐，等等。在诸多因素中，婚姻中的经济账也是影响幸福的一个重要变量。想要婚姻保持美好，不能对钱太"佛系"，要敢于大大方方地谈钱。

1. 可以不管钱，不能不谈钱

钱锺书先生的名言：婚姻就是一座围城，外面的人想进来，里面的人想出去。身陷婚姻关系里，确实要面对很多柴米油盐的琐碎，有些人为了躲避这些琐碎，于是就对婚姻里的很多事情放手不管，其中，也包括钱。

　　朋友方敏在婚姻里就是一个"甩手掌柜"，家里的所有事情都是她老公张罗，她曾为此感到非常幸福。

　　可命运却并不如方敏期待的那样，如她所愿，相反，却和她开了一个巨大的玩笑：她老公在她43岁这年宣布离婚。更可悲的是，直到离婚，方敏才发现，家里的三套房和部分存款早就被她老公转移走了，她能分到的财产只有十几万的现金。

　　每每想起这段惨痛的婚姻经历，方敏都忍不住难过地说："我那么信任他，他为什么要这么对我"，表情里有一丝愤恨、一份懊恼、和一丝悔恨。

　　方敏肯定是后悔的，后悔自己太信任前夫，更后悔当初自己对家里的财产不管不问。

　　婚姻中确实需要信任，因为唯有以信任为基础的关系，才能够愈发牢固，能够有力量去抵抗生活的磨炼。可婚姻也不仅仅有信任就足够了，它是两个成熟的大人共同建立的一种生活方式，这意味着，在这样的生活里，每个人都需要对自己负责。

　　当方敏把所有事情都甩给老公的时候，这也意味着她在婚姻关系里"退行"成了一个需要被别人照顾的"宝宝"，她放弃了自己要承担的责任和义务。

　　所以，在婚姻关系里，你可以不管钱，但是不能不谈钱。谈钱，意味着你关心家里的财富情况和抗风险能力，意味着关心自己创造的价值流向，更意味着你对自己、对自己创造的财富负责。只有你肩负起属于自己的责任，婚姻关系才会变得更好。

2. 你为什么不好意思谈钱

在美剧《了不起的麦瑟尔夫人》中，有这样一个情境：

在一次不太顺利的脱口秀演出后，乔伊情感大爆发，向他的太太、女主角米琪坦诚，他厌倦了眼下的生活，出轨了自己的助理，并在当晚就收拾了自己的行李，离开了结婚多年建立起来的家庭。

突然之间失去苦心经营多年的家庭，这对于一个毕业后就直接做了全职太太的米琪来说，无疑是巨大的打击。然而，厄运并不止于此，让她更愕然的是，她的公公在得知他们要闹离婚之后来到他们家，宣称他们小两口住的房子产权是他的，他要求他们都尽快搬走，他要把房子收回来。然而对于这一切，米琪竟然一无所知，因为她一直都误以为自己所住的房子是自己丈夫购买的婚房。

一时间，失婚又失房，米琪不得不带着两个孩子搬回自己的父母家。

虽然不是每个人都可能遭遇米琪这样的命运，但确实在生活中有很多人像米琪一样，在情感关系里不太敢谈钱，他们总觉得"谈钱很伤感情"，所以很多人在经济情况都不明确的情况下，就和另一半陷入恋情，进入婚姻，很多经济问题在婚后逐一爆发出来。

为什么在情感关系里，有人会不好意思谈钱呢？

主要有以下几个原因：

（1）钱代表界限，而我不想和你分离

钱作为一种私有财产，它的界限是非常清晰的，比如你有多少钱，我有多少钱，很明晰。所以在谈钱的时候，意味着彼此是分离的，你是你的，我是我的。在情感关系里，很多人不想体验和对方的分离，因此，就不想谈钱。

（2）会因为谈钱而体验到愧疚感

婚恋的本质，是打破彼此界限，彼此融合的情感过程，而钱又代表界限，这和融合恰好是相反的。因此很多人在情感中谈钱，会在潜意识觉得这是在攻击对方和攻击关系，这会带来愧疚感，因此很多人就不愿意在情感中谈钱。

（3）钱代表了物质

很多人会觉得谈钱，不仅是在物化自己，也是在物化对方，这对于一些"超我"比较严重的人来说，会让自己体验到"我不是一个好人"，为了确保"做个好人"，他们就会避免谈钱。

3.谈钱，能反映出一个人的三观

对钱的态度，能够很好地反映出一个人的三观，如果在婚前不好好谈钱，婚后很有可能因为金钱问题，引发更深层的矛盾。比如朋友小栗，之所以和妻子闹离婚，就是因为钱带来的烦恼。

小栗和妻子结婚五六年，两个人为了拼事业，一直没要孩子。事业都有了些起色，但除去还房贷、车贷和准备教育基金，所剩并不多。妻子弟弟今年高考不顺利，于是妻子建议弟弟出国，并说自己会支付弟弟出国的费用。这件事情遭到了小栗的反对，他认为我们的生活本就不那么富有，还要支付每年几十万的留学费，这会严重影响自己小家庭的生活。

妻子觉得小栗太自私，不爱自己，遂愤然提出离婚；而小栗觉得妻子为大家舍小家是界限不清，做老好人，也很生气。这看似是由钱引起的离婚争端，实际上是钱背后折射的观念不同导致的纷争。

如果想要一段婚姻关系变得美好，不能避讳谈钱，相反，还要大大方方地谈钱，这不仅是对自己负责，更是对关系负责。

如果你正打算进入婚姻，或者已经在婚姻里，找个时间，按照以下这个清单来和对方好好谈一谈钱吧：

A. 你怎么看待钱的？你认为钱有多重要？

B. 关于金钱，你有明确的目标吗？

C. 婚后，我们是 AA 制，还是建立共同的银行账户？

D. 你对婚内财产，有明确的理财计划吗？

E. 房产证上，是否要加上对方的名字？

F. 双方父母是否购买了医疗保险？如果一方父母重疾，你能够接受多大范围内的经济承担？

G. 如果妻子因为照顾孩子不工作，丈夫能够接受吗？

H. 如果丈夫工作出现危机，妻子能够支持对方吗？

I. 家里需要聘请保姆吗？

J. 你平时的钱都花在什么地方，对方能够接受吗？

06

有了他，你是否什么都不缺

● 心理学关键词：婚姻厌倦期

"曾经有一份爱情摆在我的面前，我没有好好珍惜；如果有机会，我想对那个女孩儿说，我爱你；如果要给这句话加个期限，我希望是一万年"，当年《大话西游》中的这句台词不知道看哭了多少人，也悄悄点燃很多人对爱情和婚姻的向往。

很多人以为，以爱情为载体的婚姻不会湮灭，保质期真的能够如至尊宝所说的是一万年，但很遗憾，婚姻中的厌倦期可能很快就会来临，爱情也无法拯救现实生活中的柴米油盐。

1. 婚姻也会有厌倦期？

在我们很小的时候，父母就经常跟我们说，成家立业是我们生命中很重要的一部分，但是我们很少思考：

为什么婚姻要成为我们必不可少的一部分？

为什么有些人一定要急匆匆地赶在 30 岁前把自己嫁出去？

……………

我们早已经习惯了被生活的惯性裹挟向前，很少主动思考为什么。"什么为什么？大家不都这样嘛！你们文艺女青年，毛病就是多"，偶有主动思考的人去提出疑问，却经常被翻白眼，吓得人还是随大流了。

随大流的意思，就是和大家一样，求学、工作、结婚、生子，它们就好像我们人生中遇到的"小怪兽"，要一级一级地通关，以什么样的姿态通关、在什么年纪通过，都有相应的标准范式，我们只要照样子去做就好了。

婚姻，也成为我们人生中的一个标准范式。它被翻译为："结了婚，你的人生就成功了一部分""结了婚，你就会过上幸福的生活了"……

当我们的大脑对婚姻形成了这样的认知图谱，如果不进行主动思考，那么对婚姻几乎不会说"不"了，只会蜂拥而至，去过上一种看上去更好的生活。

所以，从本质上来说，你渴望的未必是婚姻，而是被认同——被我们的文化、制度、风俗所建构的主流价值观认同。

关于现代婚姻的分类也有很多，从个人角度而言，我把婚姻分为两类：

第一类是"工具型婚姻"，即结婚是为了实现某种目的，譬如"我想生个孩子，但是孩子得有个爸爸"，又或者"他非常非常有钱，嫁给他我就实现财富自由了"，等等。

第二类是"情感型婚姻"，即结婚是为了获得情感满足，譬如你很爱很爱一个人，付出感让你很满足；或者一个人很爱很爱你，被爱的感觉让你感到很富足、很安全；又或者你们两个在一起很舒适，岁月静好的感觉让你们很温暖；等等。无论是哪一种状态，它都能够在情感上满足你，让你的生活更加明亮、愉悦。

无论哪一种婚姻，我们都会经历或长或短的厌倦期。

对于"工具型婚姻"，因为当初结婚的动机并不是指望对方有多爱你；对于"情感型婚姻"，就好比我们每天都是同一款早餐包，就算它再美味，我们也无法做到一辈子不厌倦。

婚姻初期，彼此的关系是：我和你一步两步三步四步望着天，看星星一颗两颗三颗四颗连成线；

进入厌倦期，它就变成了：我和你一句两句三句四句吵翻天，看彼此一眼两眼三眼四眼想闭眼；

什么感觉？梦想塌方，有没有？

进入厌倦期，很可能是因为对方不能带给你新意，让你不能拓宽自我了；又或者是因为你们互相吵架吵烦了，干脆就不吵，直接换成翻白眼了。

厌倦感，是婚姻中的毒瘤，它会进一步吞没伴侣之间的沟通欲望、表达欲望和性欲望。

由厌倦开始，婚姻进入负面循环：厌倦彼此—加深冲突—不想沟通—更加疏离—更厌倦。

2. 我们到底该在婚姻中寻求什么

美剧《天才》以个人传记的方式叙述了 20 世纪最伟大的物理学家爱因斯坦的情感、工作与生活。

抛开气象万千的 20 世纪初期的时代背景和爱因斯坦论证相对论的精彩过程不谈，让人印象颇深的，是他和他第一任妻子米列娃的婚姻爱情故事。

米列娃高中毕业后考入瑞士苏黎世大学攻读医科专业，后来转入苏黎世联邦理工学院，攻读数学和物理。求学期间与爱因斯坦成为同班同学。

爱因斯坦被米列娃的物理学天赋和才气深深吸引，两人很快就进入了热恋之中。恋情让两人荒疏了学业，本来可能有更大成就的米列娃没有顺利毕业，婚后成了爱因斯坦工作和生活的助手。

爱因斯坦全情寄托于自己的工作，但是米列娃的才情、抱负却被日积月累的琐碎磨平，她为爱情的牺牲并没有换来一段温暖的关系。

我在想，如果当初米列娃没有因为婚姻放弃自己的事业，可能会有更惊奇的宇宙发现。我写这样一个小故事，无非是想表达一个观点：在婚姻里，我们最该寻求的是自我成长。

婚姻对于每一个人来说，都是一个机缘，一个发现自己的机缘。进入婚姻之后，我们会发现，原来自己也不像我们想象得那么可爱；原来我们面对最亲近的人，也会时常愤怒；原来我们嘲笑别人的斤斤计较和小家子气，在我们身上都能折射出来。

婚姻会让我们发现自己的不完美和缺点，而更重要的，是让我们去改变、去修行，成为更好的自己。

有人曾经问我，你觉得什么时候结婚才算合适？

我回答：当一个人的离去，不会让你元气大伤的时候。

之所以作如是答，是因为任何关系的本质都是满足自恋。只有你修得圆满，内心不再有黑洞渴望被填补的时候，你才会在关系中，自由自在，不是因为有了谁，而是因为有了自己，就不再欠缺。

所以，有没有婚姻，都要记住：自己，才是永远的归宿。

07

一段好婚姻，需要这份"四件套"

● 心理学关键词：爱情三角

一段婚姻，从如胶似漆到分崩离析，你觉得要用多久？你或许会说，我们要的是天长地久，不要分崩离析。当然，我们每个人都希望这是真的，也期待如此。但有时，关系可能是脆弱的。

1. 人与人之间的关系是脆弱的

意大利电影《完美陌生人》讲的就是这样一个故事。在一个月食之夜，七个老友（三对夫妻和一个恋爱未婚的男胖子）相约在其中一对夫妻家中聚会，品酒赏月。

本来，聚会在"谈笑有鸿儒，往来无白丁"的气氛中进行得非常愉快，但是邀请宾客的女主人却兴致大发，突然要玩一个游戏：大家把手机放在桌子上，无论是谁的手机收到信息，都请公开内容给大家分享。

最初大家都面露难色，但是为了自证清白，说明自己没什么见不得人的秘密，游戏最终还是开场了。

天上的月食正在充盈，月亮不断被黑暗占据，而屋内七个人的关系也随着游戏的推进而变得愈发紧张和扑朔迷离，随着月食的完满，人性恶的一面也在屋内大爆发，迎来了剧中的高潮：

游戏的发起者艾娃出轨自己老公的朋友科西莫偷情；而科西莫也出轨了他的同事；另外一对夫妻卡洛塔和莱勒，都有彼此的暧昧对象；而独自出现的男胖子佩普，则是深藏多年的同性恋……总之，每个人都有被掩盖的一面，就像月食一样，黑暗而诡异。

在开始游戏之前，男主角之一罗科就明确拒绝玩这个游戏，他说："人与人之间的关系是脆弱的，我们每个人都是"，而整个故事似乎也都在证明这句点睛之语。

电影把人与人之间真实的关系抽丝剥茧，把它的残酷、阴暗、脆弱一丝不剩地呈现在你面前，你或许很难受，但是却不得不直面。

故事的结局，并没有随着电影高潮而让每个家庭都分崩离析，而是巧妙地换了一个视角：假设游戏没有发生，所有关系都依旧美好和睦。

之所以是这样的结局，大概也是在隐喻人们关系的常态：表面上的风光旖旎和海平面下的暗流涌动比起来，人们更喜欢前者。

在生活面前，我们很难意识到，其实自己有的时候懦弱不堪，并非一个勇者。

2. 脆弱的婚姻是怎么来的

很多人可能并不清楚，曾经的如胶似漆，是怎么变得如此入目不堪？婚姻为什么会有这么多不能碰触的黑匣子？对于这个问题，我们可以试着从以下三个方面去寻找答案。

（1）婚姻关系可能是我们对童年缺失的一种寻找

渴望亲密关系是人的本能，我们终其一生都在寻找在母亲体内的感觉，即安全、温暖、柔软、被爱包裹的感觉。

所以，当我们在寻求爱情、建立婚姻的时候，本质上是对婴儿时期的一种亲密关系的找寻，如果那时候体验到的爱是完满丰盈的，我们就会比较容易进入一种相对和谐的婚姻关系；但是如果那时候的爱是有缺失的，那么我们可能会希望通过婚姻关系，来弥补那种缺失的遗憾。

当我们的潜意识带着这种渴望被弥补的动机去建立婚姻的时候，我们会在关系中不停地"要"，要关注、要爱、要温暖、要体贴……可惜对方总有被掏空的时候，所以婚姻关系就会进入"一方要，一方逃"的模式，无形的心理距离就这样产生了，婚姻关系自然就进入了表面和谐实则死寂的状态。

（2）不是所有人都能接纳自己的不完美

美国心理学家斯考特·派特曾说，真正地认识自己，是这个世界上少有人走的一条路。

之所以说"少有人"，并不是说我们不去了解自己、认识自己，而是当认识发生的时候，我们很少有人能够坦然地面对自身带有的黑暗的东西、让人痛苦的东西。

而亲密关系的建立，实际上就是打破边界的过程，在这个过程中，所有的不完美都会像蝴蝶效应一样，很快地爆发，充斥在两个人中间。

因为我们无法接纳自己的黑暗，所以就会否认糟糕的关系是自己造成的，因此在争吵的过程中总是想"赢"，因为只有赢，才能证明自己是对的、是好的，是没有黑暗存在的。

当我们把自己的糟糕全部投射给对方，对方自然也会愤怒，而愤怒的结果自然是战争不断、人心涣散。

（3）婚姻确实像罐头一样拥有保质期

婚姻关系也会进入厌倦期。<u>厌倦期的形成实际上是由两种情况导致的，一是彼此之间无法接纳对方真实的自我，因而会进入冲突循环，从而带来彼此厌倦；二是某一方面的成长，对方没有跟上，这种成长落差也会导致单方面的厌倦。</u>

就像电视剧《我的前半生》里，唐晶对罗子君所言：<u>"两个人在一起，进步快的那个人总会甩掉原地踏步的那个人，因为人的本能，都是希望探求生命、生活的内涵和外延。"</u>

所以，无论是谁，只要在婚姻关系中懈怠，都要清醒地意识到：你正在自己亲手创造糟糕的婚姻关系，你可能面临被抛弃的命运，而这最坏的结果，你是否能够承担？

3. 好的婚姻要素有哪些

有的人能够清晰地知道自己婚姻中的各种问题：没有性生活、缺乏沟通、同床异梦……，但他们还是努力粉饰太平，通过朋友圈去晒幸福，告诉自己好像其实没有那么惨。

之所以粉饰太平，是因为我们懦弱，我们没有勇气去面对自己的千疮百孔、面对关系的支离破碎。可是关系就是这样，你愈加遮掩，它就愈发欲盖弥彰。与其逃避，不如鼓起勇气去面对它、解决它。

那么，该如何修复一段婚姻关系呢？

在搞清楚这个问题之前，我们先要明确一段好的婚姻，究竟应该有哪几个基本要素。对此，心理学家斯坦伯格曾经在 1988 年提出过"爱情三角形"理论，他认为，爱情是由亲密（重视彼此的喜欢、理解与期待）、激情（魅力和性吸引）和承诺（决定发展稳定的关系）组合而成。

随着时代的发展，现代好的婚姻的基础因素应该包含四个方面：信任、独立、亲密、非整合能力，我把它戏称"好婚姻四件套"。

（1）信任是婚姻关系的基石

很多婚姻关系的瓦解，根本上是因为彼此失去了信任，这种失去可能是建立在权力的失衡或者单方面的伤害基础上。

但也有一种可能，就是我们自身是一个安全感比较低，不太容易产生信任感的人。如果是这种情况，那么婚姻就是我们自身的功课：我们要学会建立自己的安全感，去信任对方，相信在关键时刻，他会给我们无条件地支持；相信他，无论做什么抉择，都是出于彼此利益最大化的考量；相信他，总是会在那里等着你。

（2）独立又亲密，让我们走得更远

一段好的婚姻关系，彼此之间一定是既独立又亲密的。独立，是指彼此都有自己的工作、朋友、愿景、梦想，它们撑起一个五彩缤纷的世界，让我们体验着快乐；亲密，是指我能看见你、感受你，能够跟你共情，但是我不会把自己的世界强加给你。

独立和亲密是相辅相成的关系，缺乏独立的亲密是依赖共生、缺乏亲密的独立很可能是缺乏信任他人的能力，这都是不太健康的状态。

对于"独立又亲密"的关系，我觉得电视剧《欢乐颂》赵医生和曲筱绡就是一个比较好的范本：彼此的世界各不相同，但却亲密无间，最重要的，是赵启平对曲筱绡说的那句话："我不想改变你，你是不太爱看书，但是你很活泼、很调皮、很古灵精怪，这才是我喜欢的曲筱绡。"

（3）非整合能力拓宽婚姻的容量

非整合能力指的是"人们承受认知、情绪上的复杂性的能力"。具备这种能力的个体能够容许矛盾的信念、情感同时存在，并对此感到舒适；不会试图通过操纵自己的价值观与情感来消除矛盾。

他们能够接受"伴侣在大部分时间里是善意、真诚的，而在有些时候也可能会进行欺骗和伤害"。因为他们清楚现实中一个人不可能是纯粹"善"的，总会有负面的部分，而且这是完全自然的。

而欠缺非整合能力的人，会倾向于对伴侣绝对信任或是绝对不信任。在他们看来，如果伴侣爱他们，就不可能伤害／欺骗他们；一旦对方造成伤害，就代表伴侣完全不爱他们。同时拥有互相矛盾的认知（"你爱我，但你也可能欺骗我"）所带来的精神压力，是欠缺非整合能力的人难以承受的。

换句话说，"非整合能力"就是我们能够接纳婚姻中存在瑕疵这样一个事实，它能大大提高我们的包容度，提升婚姻的容量。

关于婚姻，其实我们除了具备上述的四个要素之外，更重要的，是要拥有一个高级的婚姻观：婚姻只是我们选择的一种生活方式，我们不该为它计时，它的标准单位也可能不是一世，我们身在其中，努力经营，最终的目标，是为了走向幸福，成为更好的自己。如果能够一起走到夕阳落日，那么我愿意陪你携手望苍穹；如果中途不得已走散了，那么也要相信，未来可能会遇到更好的人。

08

关系让你很痛苦，为什么你却离不开

● 心理学关键词：丧失处理

1. 处在窒息关系中的小月

小月是我的一位来访者，40 多岁，女性，在一家国有企业上班。如果只是看外在条件，小月有车、有房，有不错的工作单位，家庭完整，还有一个即将初中毕业的儿子。可是如果当你真正深入她的生活，你会发现，在美好的外壳之下，藏着的是让她痛苦不堪的婚姻关系和窒息的生活。

大概是在九年前，小月偶然发现自己的丈夫出轨了，小月为此感到痛心难过，她质问丈夫为何背叛她，还试图去找那个第三者，问她为什么要破坏别人的家庭，等等，总之，能够发泄自己愤怒情绪的所有事情，她都做了。

在小月看来，这段有瑕疵的婚姻关系让她异常痛苦，但是她又无法下定决心结束这段关系，于是她决定和丈夫分居，除了处理孩子的问题外，两人几乎不说话。面对这样窒息的关系，她的丈夫主动提出离婚，小月表示不同意。就这样，他们的婚姻关系又持续了将近十年。

在这十年里，小月日渐憔悴，也偶尔会抑郁，当所有人都劝她离婚的时候，她还是无法做出决定。

小月的故事，大家听上去可能会不理解，一个人为什么要主动把自己困在这种窒息的婚姻关系里，而且一困，就是十年。

从心理学角度而言，一个人无法结束一段痛苦的关系，是因为他（她）无法面对分离后的丧失，这种丧失表现为以下几个方面：

第一，丧失部分现实功能。

伴侣关系的本质，其实是彼此之间打破自己的界限，逐渐融合的过程，最终构成一部分是各自独立的自我空间和一部分是共享的空间。在这个过程中，彼此虽然出让了自己的边界，但与此同时也获得了一些现实的权力和义务。

比如，在有些家庭中，女性放弃自己的工作照顾老人和孩子，与此同时，男性负责家庭的经济来源，会主动给女性提供经济支持。像这种情况，就是伴侣双方创立的共享空间，彼此都在以不同的分工方式，来保证家庭的良好运转。

可是一旦关系结束，这就意味着，共享空间会被打破。那么女性要面临的是，重新步入社会，获得新的工作和经济来源（如果孩子归女方所有，那么还需要同时照顾孩子）；而男性，则要面对照顾孩子、老人，以及保证家庭生活在有序的方式下进行。无论对于哪一方，这种现实功能的丧失，都会产生新的压力。当面对这些压力的痛苦大于在关系中的痛苦时，很多人就会选择在痛苦的关系中继续下去。

第二，丧失部分心理感受。

关系，对于每一个人来说，都有极其重大的意义。一段好的关系，能够带给我们安全感、归属感、满足感、愉悦感。对于伴侣关系而言，不管是源于激情的爱恋，还是源于日久生情，在时间的作用下，都会带给关系中的个体一些安全感和归属感。

想想看，华灯初上的时刻、鞭炮齐鸣的时刻，你内心最想去的地方，是不是自己的家？可能和另一半有很多的异见、矛盾和争吵，但是对方的存在，至少让自己感觉不会那么孤独，也会让自己的内心更加安稳。

如果这段关系结束，日常的争吵声和眼不见心不烦的状态随之消散，但是双方共建的安全感和归属感也即将瓦解、破碎。对于大多数人来说，安全感和归属感的丧失，都会带来心理上的巨大变化，他们会感受到一些失落、难过。而对于有过"被抛弃"创伤的人，或者心理成熟度很低的人来说，这种变化可能会让他们变得抑郁或者……为了避免丧失这些感受，有些人宁愿忍受关系中的痛苦。

第三，丧失部分自我。

关系的终结，除了会丧失一部分现实功能和一些心理感受之外，其实与此同时，也丧失了一部分自我。

在电视剧《夫妻的世界》中，男主角在离婚、再婚后，还是对前妻纠缠不清，这让很多观众看了之后都很不解。

其实，如果你能够从心理角度来看他，就很好理解了。

男主角在很小的时候，父亲就离家出走了，这带给他很大的心理阴影，最强烈的感受就是自己"不被爱"。而前妻在他一无所有的时候爱上他，和他生了孩子，还在经济上无条件支持他的事业，这些都让男主在内心世界感受到自己"深深被爱"。

可是当这个关系结束，就意味着在关系中那个"深深被爱"的自己消失不见了。而"不被爱"对于男主角来说，是不可触碰的创伤，他不允许"不被爱"的自己再现，所以就不停地纠缠前妻。

所以，我们结束一段关系，也意味着可能会丧失一部分自我，这个自我可能是现实意义上的"某某某的太太 / 先生"、也可能是心理意义上的"曾经被爱的我"。无论是哪种自我的丧失，都会让我们体验到自我的破碎，以及重建的压力。

2. 如何正确结束一段关系

当关系让我们痛苦不堪的时候，如果你不知道怎么做，可以尝试以下这些方法：

首先，要学会表达哀伤。

丧失，对于任何一个人来说，都会带来心理上的哀伤，尤其是一些亲密关系的丧失，哀伤的情绪更为深刻。

如果要决定结束一段亲密关系，就不要刻意把自己伪装成一个无所谓的人，而是允许自己，表达自己的悲伤，不要压抑它。

其次，学会正式告别。

我的一个朋友喜欢上了一个人，两个人彼此之间都有爱慕的意思，但一段时间后因为某些原因就毫无下文了，这位朋友对那个人用情至深，迟迟开展不了新的关系，究其原因，是因为他没有和对方正式告别过。

没有正式告别，就会陷入心理学上常说的"未完成情结"。也就是说，这个事情还有进展，对它还抱有期待。如果想结束这段关系，要学会正式和对方告别，可以试着给对方写一封信、也可以邀请对方吃一顿饭，或者发一条短信。只有这段关系正式画上句号，才会有新的心智空间去迎接新的关系。

最后，寻找你的情感支持系统。

人在失去一段重要关系的时候，情感一定是非常脆弱的，这时候身边人的支持和安慰对于顺利走出关系有着至关重要的作用。你的情感支持系统可以是你亲密的家人、朋友，也可以是你信任的心理咨询师，他们的抚慰都会让你更好过一些。

· 笔 · 记 · 栏 ·

亲子

第四章

绘者：王云涛

我们都是第一次做父母，
也都是第一次当小孩，
那就让我们彼此互相谅解、互相支持吧

01

一个好爸爸，可以照亮孩子的一生

● 心理关键词：客体关系

在家庭教育中，如果母爱像一处港湾，那么父爱就像一艘战船。母亲让孩子感悟柔软，发现内心的澄明和温暖；父亲则带领孩子去认识这个世界的波涛汹涌，给孩子的内心浇筑力量和信念。

无论母爱多么完美，父亲的角色都不可替代。一个好爸爸，可以照亮孩子的一生。

1. 父亲的言谈里，藏着孩子的未来

每个孩子初生之时，都像一张素洁的白纸，这张纸最终会变成一幅气势恢宏的山水图，还是变成青青绿草的水墨画，其实和家庭教育密切相关。

著名作家李敖在谈到自己的成就时，曾经就很笃定地说道："我的成就，归功于父亲的教导有方"。

李敖的父亲李鼎彝是一位毕业于北大的知识分子，在李敖的记忆里，从很小的时候，父亲就经常给他讲北大各个教授的风采，比如鲁迅、蔡元培、胡适等人的奇闻逸事。在父亲的言谈里，李敖看见了独立果敢的自由精神，也开始爱上读书。在上学期间，李敖的大部分时间都在图书馆中度过，高中一年级时，就完成了《李敖札记》四卷。李敖后来回忆："由于受到父亲的影响，我早在小学的时候，就知道了自己要成为哪种人。"

心理学认为，每个孩子都具有天生认同父母的本能，父母是什么样子，孩子就会模仿成为什么样子。和母亲的和蔼可亲比起来，父亲的形象更像是孩子遇见的第一个超级英雄，他的遒劲有力、视野宽宏，都可以成为孩子的骄傲，并且成为自己成长的样板。好的父亲，都懂得管理自己的言谈，通过对话的内容为孩子描述一幅壮阔的人生蓝图，或者成为孩子的精神脊梁。

2. 父亲的三观，塑造孩子的一生

网络上曾经有这样一个视频：一个两岁的小男孩和父亲在逛超市，小男孩偷偷拿了一盒巧克力。这位父亲走出超市后发现了，然后问小男孩："这盒巧克力我们付钱了吗？"小男孩摇摇头，于是这位父亲把这个小男孩带回超市。小男孩以为父亲让自己把没付款的巧克力放回货架上，结果父亲却告诉他："你要亲手把这盒巧克力拿给那位售货员阿姨"，小男孩一边说着"我害怕"，一边扭捏地把巧克力给了售货员。

无独有偶，美国弗吉尼亚州一位 10 岁的小男孩，在校车上欺负同学，被司机赶下车，并通知他 3 天不准乘坐校车。小男孩的父亲得知后，没有和校方理论，而是直接让儿子跑步上学，尽管校方只惩罚 3 天，但这位父亲坚持要求儿子连续 7 天跑步上学。惩罚结束后，小男孩再也不欺负同学了，而且还因为比较懂礼貌，受到了老师的表扬。

心理学家阿德勒认为，对于一个孩子而言，母爱与父爱是两种截然不同的爱。母爱是无条件的，就是"无论怎么样，我都爱你"；而父爱是有条件的，"只有你变得足够好，我才爱你"。而这里所说的"足够好"，实际上就是父亲在家庭教育中的规训功能，即告诉孩子，哪些事情可以做，哪些事情不可以做。只有符合规则，才能够得到父亲的爱和认可。

规训不是打骂和说教，而是价值观的传承。如果一味地纵容，没有规训和教育，则很容易将孩子培养成一个缺乏边界意识的孩子。

一位好的父亲，绝不是利用自己的权威对孩子进行打骂式的说教，而是懂得用自己的价值观去引导和塑造自己的孩子，就像电影《摔跤吧！爸爸》中的那位父亲一样，用自己坚定的信念培养自己的女儿成为出色的摔跤手，他帮女儿获得的不仅是一块块奖牌和一个个荣誉，更重要的是，女儿在未来成长的路上，看见了自己的力量，她相信，性别不会定义她是谁，选择、坚持和努力才是人生制胜的真正筹码。

3. 父亲的爱，是安全感的重要来源

在综艺《女儿们的男朋友》中，演员秦沛的女儿姜丽文在节目中的表现，引来观众的诸多赞赏，不过让更多网友羡慕的是，"如果我有这样一个老爸就好啦"。

姜丽文在上一段感情结束后，沉淀了几年，通过朋友介绍认识了比自己小五岁的柏豪。在节目中，姜丽文和柏豪的互动过程，展现了她纯粹、聪慧、大度的个性。

谈到婚姻问题时，姜丽文说自己已经准备好了，但是男朋友柏豪却表示自己还没想过。对此，姜丽文并不沮丧，而是带着一张阳光的脸，微笑着说："我很爱他，我觉得我等到四十岁也没有关系"。

节目中很多嘉宾父亲并不同意姜丽文的说法，认为"女性到了四十岁，生育是很大的问题"，但秦沛却第一时间力挺女儿，表示："千万不要为了生孩子而结婚，你就找一个能够陪伴你，以后路上一直陪着你、支持你、爱你、疼你的人，这是最重要的"。

事实上，姜丽文生活在一个单亲家庭，自己和弟弟是父亲秦沛带大的。秦沛回忆说，早年他工作比较忙，两个孩子就由奶奶抚养，但他拍完戏，只要一有时间就去陪伴孩子，哪怕七天，十天，他也一定要去陪他们。

姜丽文脸上那明媚的笑容，以及对自己年龄的坦荡，都能够体现出她内在的自信，而这份自信，恰恰是父亲秦沛带给她的安全感。这份安全感来自父亲的陪伴，更来自父亲永远和孩子站在一起，并且永远尊重"让孩子做自己"。

电影《美丽人生》也讲述了一个动人的父子故事：犹太人基度

在法西斯的政权下，连同自己的妻儿被关进了纳粹集中营。在集中营中，每天都有人被折磨致死，基度为了保护好儿子的天真，告诉自己的儿子，"我们这是在做一个游戏，游戏胜利的奖品就是一辆坦克"。

就算在最艰难最黑暗的日子里，就算了无希望，死亡尽在眼前，作为一个父亲，基度也在尽全力去保护儿子的内心不被黑暗磨灭。就在他生命的最后一晚，他将儿子安顿在一个铁箱子里，然后，去寻找他的妻子。当他被捕之后，路过那个铁箱子时，他知道他的儿子正注视着他，于是，他装出一副滑稽的模样，惹得儿子笑出声，他仍然坚持着，坚持让儿子相信这一切都只是一个游戏，千万不要害怕，永远要微笑而乐观地去面对。

电影的最后，儿子坐在一辆坦克上，大声笑着喊道："我们赢了，我们赢了"，天真无邪的脸庞上，满是赢得游戏的欢愉。而这天真，是那位父亲用自己的生命换来的，他用自己的勇气和智慧为儿子屏蔽掉了残忍，给他稚嫩的心灵上永远留下了一束希望之光。

知乎上有个问题：拥有一个好爸爸是一种什么体验？

有网友这样回答：坚强的后盾，遇到啥事儿，都"喂，爸……"

一位好父亲，究竟是什么样子？也许是万千形态。但不管父亲是肥硕的，还是精瘦的；是严厉的，抑或沉默的，他都如灯塔一样，照亮孩子一生前进的路。

02

没有节制的母爱，是一种暴力

● 心理关键词：心理剥夺

　　心理学在最近几年迎来了较为快速的发展，这种发展带来的一个良好的副产品，便是越来越多的家长，开始重视家庭教育，懂得了父母之爱对于孩子成长的重要性。但与此同时，很多父母也容易陷入另外一个极端：把爱，简单地理解为溺爱；把尊重，误以为一切都听孩子的……而这样教育的结果，会让孩子缺乏基本的生存能力。

1. 40 岁还不会煮面条的男人

　　阿单是我朋友的朋友，男性，40 岁出头，身高 180cm，在中学当老师，平时热爱运动。如果从外表来看，他是一枚帅哥，他的身材看上去很是健硕。

在外人眼里很是不错的阿单，却成了他太太口中的"低能儿童"。

据阿单太太讲述，这位已到不惑之龄的男人，至今不会做任何家务，"只要我出差不在家，他必然天天点外卖"。阿单的太太说，自己有一次出差一个星期，她回到家之后，发现家里所有的垃圾桶都装满了外卖的快餐盒，家里散发着一股类似垃圾场的臭味……"一个年过40的男人啊，不会做饭不会炒菜也就算了，就连煮面条都不会……不仅如此，竟然能够忍受家里装满快餐盒……"阿单太太越是描述，越是气愤。

阿单之所以什么家务都不会做，据他太太介绍，是因为有一个什么都包办的母亲。

阿单家有三个兄弟姐妹，母亲向来都很溺爱，从来不让这几个孩子做任何家务，哪怕现在老母亲已经80多岁了，回家聚餐的时候，也都是老母亲一个人在厨房忙活，而孩子们在客厅看电视和闲聊，更不会为此感到任何羞愧和不适。

这三个孩子几乎不会做任何家务，而且工作和婚姻也都不太顺利。

当初因为觉得自己年龄不小了，就在认识一个月之后和阿单"闪婚"的太太，如今肠子都悔青了。虽说婚姻生活到目前维持了一年多，但她早已经筋疲力尽，几次向阿单提出离婚。阿单非但不同意，还把太太想要离婚的想法告诉了家里人，80多岁的老母亲一次又一次地给阿单的太太打电话，先是以请求的口吻，劝说不要离婚，后见阿单太太心意已决，便转为强硬的口气，指责阿单太太没有妇人之仁。对此，阿单太太哭笑不得，最后不得不"起诉离婚"，至于阿单和他的家里人怎么骂她"冷酷无情"，她早就不在乎了，她只是想快点逃离这个让她感到窒息的家。

2. 不让孩子学做家务，是为了"不断奶"

很显然，阿单和他的姐姐和弟弟缺乏基本的生活能力，主要是源于她母亲过度的溺爱。

心理学家温尼科特曾经说过，一个婴儿在小时候不可能单独存在，他一定是要跟母亲联结在一起的，因为他需要母亲的乳汁来维持他的生命。

所以在生命的最早期，我们每一个人和母亲都是处在共生关系之中，母亲在，我们才得以存在。而身为母亲，也能够通过这样的关系，感受到自己可以"掌控另外一个生命"，从而前所未有地体会到自己巨大的价值感。

可是，孩子不会是一个一直长不大的婴儿，他是会长大的，会在长大的过程中逐渐完成与母亲的分离：

首先是断奶，断奶意味着将告别与母亲的共生关系，即没有母亲的乳汁，这个孩子也可以通过摄入其他东西，如米糊，获得生存，但这还是需要在母亲的辅助下完成；

其次是获得基本的生存能力，如学会做饭，这意味着孩子将告别母亲的辅助，自己能够独立生存下去；

再次是离开家庭，这意味着孩子将彻底与母亲完成分离，开始各自的独立生活，二者之间有着情感的连接，但是依赖共生的关系却彻底被打破。

从这三步来看，我们能够很清晰地了解到：阿单母亲在第二步，即教会孩子获得生存能力这个步骤，截断了阿单的发展，没有让他学会做家务。而不让孩子学会做家务，并非这位母亲担心孩子太小，或者不忍心让孩子操劳，而是因为潜意识里住着深深的"害怕"：害怕孩子离开，害怕自己再也不能掌控另外一条生命，这将剥夺她所体验到的巨大价值感，也将打破她对自己的自恋。

为了让自己避免体验这种潜意识里的"恐惧"，她以溺爱的外衣，让孩子们失去了最基本的生存能力，内心认为孩子们会一直需要她，一直努力地让孩子们与自己成为一体，拒绝打破"依赖共生"的关系。

3. 有分离焦虑的家长，更容易溺爱孩子

前几天，在地铁上，听到一对母女这样对话：

女孩儿眉飞色舞地和母亲讲述自己在学校里发生的事情"妈妈，老师表扬我今天写的字特别漂亮……老师还说睡前要刷牙才能不长蛀牙……老师还说……"那位母亲听了一会儿，打断这个小女孩儿，说："不要总是老师说，老师说的，妈妈不是也告诉过你这些吗？你怎么没听？"

从这样一段简单的对话里，我们可以清晰地看到，母亲试图带领孩子反抗老师的权威，稳定住自己在孩子心中的权威形象，而这背后的心理成因，便是这位母亲在孩子试图和老师站在同一战场的时候，这位母亲体验到了"被抛弃"的感觉，这会让她感受到自己的"分离焦虑"。

事实上，有分离焦虑的家长，更容易溺爱孩子，因为在溺爱的过程中，看似是孩子的各种需求被满足，实际上则是，孩子的被满足，

恰恰满足了家长避免体验被抛弃的恐惧。

自体心理学家科胡特曾经说过一句关于家庭教育的名言："一个家长的人格，远远重要于这个家长做些什么"，换句话说，想要培养出健康独立的孩子，家长自己要先完成人格的成长，心智的完善。

如果你是一个容易溺爱孩子的家长，那么你需要先解决自己的"分离焦虑"问题。可以尝试这样做：

首先，回顾一下自己的童年以及自己和父母的关系，问一下自己是否很害怕与父母分离？或者自己是否很渴望父母能够给自己更多的关注和爱？过度照顾和缺乏关注，都是分离焦虑的成因。

其次，感受一下当下的自己，作为一个成年人，你能够看见自己内心住了一个害怕长大或者渴望关注的小孩？尝试让此刻的自己去拥抱那个害怕分离的小孩，告诉自己，有能力去爱已经长大自己。

此外，适当提醒自己，无论是自己与父母，或者自己与孩子，分离只意味着生活方式的改变，而非情感的终结。子女间深厚的情感纽带，不会因为你的独立或者孩子的独立就被剪断。

当你能够处理好自己的分离焦虑，你才能够长成一棵大树，不依附不攀缘，庇佑孩子健康成长。让我们都学会适当节制自己泛滥的母爱，告别对孩子变相的暴力。

03

尊重，是父母给孩子最好的爱

● 心理关键词：母婴间隙

随着家庭教育越来越被重视，很多家长，尤其自己有童年阴影的家长开始困惑，到底怎么做才是真正地爱孩子。他们希望用自己最大的努力给孩子留下一个圆满的童年。

1. 给孩子换了五六个幼儿园

笑笑今年三岁半，在不到一年的时间里，她妈妈小惠已经给她换过好几个幼儿园，每个幼儿园都有让小惠不满意的地方：吃得不好、老师太严肃……小惠总是能够从中找到让自己不满意的地方。

在给笑笑换到第六个幼儿园之后，她下定决心不再折腾了，"朋友们都说是我有问题，我能有什么问题呢，我不都是为了我女儿能有一个好的开始嘛"，小惠说道。

生活中不乏也有一些母亲，在某些方面表现出同样的焦虑：别的孩子有的东西，我的孩子也要必须有；别的孩子学的课程，我的孩子也要必须学……无论是这些母亲，还是小惠，她们都在努力让自己成为一个完美的妈妈。

一个人执着于做"完美的妈妈"，不希望孩子有跟自己一样不好的童年，不希望孩子输在起跑线上，不希望孩子比其他人差。究其原因，大多与自己内心的投射有关。

这个热衷于给女儿换幼儿园的小惠，她小时候由于父母残疾、家庭贫困，时常招来同学们的嘲笑，而这也导致她内心产生了自卑。

当她有了女儿，她把自己小时候的那种"无力感"投射给了自己的女儿，觉得她弱不禁风，事事需要保护，事实上，孩子未必真的弱不禁风，但由于小惠的投射，孩子有可能真的会变成她小时候的样子。

所有努力做"完美妈妈"的人，心里都装着一个无法独自面对这个世界的"小孩"，即妈妈们并不相信她们的孩子，有独立处理问题的能力，因为这种不相信，自然也就培育出了真的无法解决问题的孩子。

2. "60 分妈妈"

母婴间隙，是英国精神分析师温尼科特提出的一个概念，他指出，<u>一个孩子想要获得更好的发展，需要和母亲之间保持一点点适度的距离。</u>

怎样才算适度的距离呢？温尼科特表示，一个妈妈只要做到足够好，就算是适度了，心理学家曾奇峰把这个"足够好的妈妈"翻译为

"60分的妈妈"。也就是说，一个妈妈不用做到完美，60分的妈妈或许更有利于孩子的发展。

为了更好地帮助大家理解这个60分妈妈的好处，我们可以举一个生活中常见的小例子，比如一些母亲对孩子的照顾无微不至，孩子不仅做到"饭来张口、衣来伸手"，就连收拾书包这种小事儿，很多母亲都代劳了，如果从服务角度来评价，这位妈妈肯定可以得到五星好评。可是如果从孩子发展的角度来讲，这位妈妈可能只能得一星或者二星，因为她的过度服务，剥夺了孩子自己动手、自己学习的能力，也就是剥夺了孩子的创造力。

母婴关系存在一种很强大的力量——投射性认同，也就是说，一个孩子的成长，很多时候来自母亲对自己的投射，孩子会认同母亲的投射，从而变成符合母亲期待的样子。如果母亲眼中的孩子是坚强的、独立的、有创造性的，母亲就会把足够的发挥空间留给孩子，孩子也会接收母亲的投射，从而成为一个真正坚强独立的人；同样，如果母亲眼中的孩子弱小又懦弱，她大概率上会过度服务，孩子的内心可能就会变得不那么强大。

从教育角度而言，一个母亲不要事事都做得那么到位，给孩子留下足够的发展空间，孩子的创造力才会被发掘出来。

3. 如何成为一个"60分妈妈"

最重要的就是要接纳自己的不完美，学会把孩子作为一个独立的个体来看待，要相信，每一个孩子都有天然向好的本能，只要你相信他（她），他（她）就能够成长为美好的样子。

　　比起解决孩子的实际问题，处理自己的恐惧和焦虑更重要；比起停不下来的说教，信任和尊重才是给孩子最好的爱。

　　电影《奇迹男孩》讲述的是一个叫奥吉小男孩因为脸上的伤疤，在上学后遭遇了种种歧视，而他的父母却一直给他信心和力量，最终帮助他不仅在学校赢得了友谊，更赢得了赞誉的故事。影片结尾，小男孩奥吉作为学生代表登台讲话，他说："请善良一点，因为大家一生都不容易。如果你真想了解一个人，那就只需要用心去看。如果你能看透每一个人的心，你就会明白，没有人是普通的，每个人都值得大家站起来为他鼓掌一次。"

　　"没有人是普通的"，这个信念就是来自每次都会告诉他"在我心里，你就是一个闪闪发光的孩子"的妈妈，而奥吉也在这个信念的支撑下，最终真的创造了奇迹。

　　我们每个人大概都想很好地爱自己的孩子，但是很多时候，我们会对爱产生一些误解。对于一个孩子而言，最好的爱其实不是给予他很多物质，而是给予他很多的信任、支持、和尊重。只有你相信他是一颗奇迹的种子，他才能够真正地创造出奇迹。

04

妈妈的快乐情绪，是孩子最珍贵的礼物

● 心理关键词：分离焦虑

1. 孩子是通过母亲的情绪来感知这个世界

你有没有想过这样一个问题：就算经历了同样的事情，为什么有些人看起来每天都很快乐，而有些人却习惯性地郁郁寡欢？

你也许会说：嗯，他们的性格使然。

可是，性格又是怎么来的呢？

随着科学的发展，越来越多的实验证明，人的性格拥有某种天生的生物属性，譬如拥有糖皮质激素受体更活跃的人，天生的抗压性更好；而皮质醇水平更高，心率也更高的人，容易产生自我压抑、烦躁和焦虑。

除了先天的生物属性，一个人性格的形成，很大一部分还取决于他（她）的成长过程，而影响最大的便是生命早期的依恋过程。

英国的发展心理学家约翰·鲍比在 20 世纪 60 年代首先提出了依恋理论。该理论认为，一个人在早期和母亲的关系形态，决定了他（她）的依恋模型。

曼彻斯特大学的心理学教授埃德·特洛尼克做了一个"静止脸实验"，更能说明，孩子的性格与母亲的情绪密切相关。

在静止脸这个实验中，妈妈与一个 1 岁左右的宝宝互动：

实验一开始，妈妈和宝宝打招呼，宝宝给妈妈反馈。宝宝用手指指不同的地方，妈妈顺着看，给他（她）鼓励，和他（她）交流。用不同的表情变化配合宝宝的动作，宝宝表现得很开心。

紧接着，妈妈对宝宝的动作不做任何反馈，面无表情，宝宝发现了不对劲，开始想办法引起妈妈注意。

宝宝继续尝试让妈妈与自己互动，他（她）对着妈妈笑，手指指向远方，但是妈妈仍然面无表情。

不到 2 分钟，宝宝因没有得到正向反馈，表现出了负面情绪，同时转身到处看，感觉到巨大的压力。最后，孩子开始崩溃哭泣。

这个实验证明，在母亲对孩子毫无反应的这段时间，孩子的心跳会加速，体内压力激素增加，如果持续下去，他大脑关键部位的细胞可能死亡。

从这个实验中，我们清晰地可以看见，孩子是通过母亲的情绪来了解这个世界的。如果一个母亲总是很快乐，孩子也会体验到这个世界充满快乐，他（她）的性格里就会多了一些明媚的气息；反之，如果一个母亲总是很阴郁，这个孩子也会觉得世界阴云密布，他（她）

的性格里就会藏着狂风暴雨。

2. 妈妈不快乐，我也不敢快乐

小慧（化名）是我的一位来访者，在我们的第一次见面里，50 分钟的咨询，她哭了 45 分钟。剩下的 5 分钟，她一直在重复一句话：我活得一点都不快乐，一点都不开心，常常觉得还不如死了算了。

据小慧回忆，母亲年轻时非常漂亮，但因生活条件差，家里比较拮据，所以没怎么上学。为了改善家里的经济状况，小慧的外公把母亲许配给了自己的爸爸——一个双腿残疾、家里富有的男性。

自小慧记事儿以来，她的妈妈和她的爸爸经常吵架，每天家里的气氛都很紧张。

小慧不知道怎么办才好，她只是觉得自己也不应该快乐，因为只有这样才意味着是在陪伴母亲。每天习惯低着头，生怕犯错惹妈妈不高兴，也不太喜欢和小朋友们一起玩儿。

看到这里，你也许明白了：小慧的不快乐，源于年幼时自己的母亲的不快乐。孩子具有天生认同母亲的倾向，当母亲悲伤难过的时候，孩子如果体验到快乐，这会引起他（她）内在的不安。为了让自己不体验这份不安，孩子会压抑掉自己的快乐，选择用不快乐来表达对母亲的认同和爱，时间一长，就慢慢内化为了自己的一部分。

3. 快乐的妈妈，会培养出孩子的自信

著名导演姜文曾经在做客《十三邀》的时候表达过，自己这辈子

最大的失败，就是处不好和母亲的关系。

姜文在节目里说："我很想让她高兴。比如拿到戏剧学院通知书的时候，我告诉她，觉得她该高兴了吧，可是她却说'你还有一箩筐衣服没洗呢，别和我说这个'；后来又给她买房子，觉得她该高兴了吧，可她还是不高兴"。

因为妈妈的不高兴，姜文说自己经常"不自信"。

母亲是孩子这一生中最重要的一面镜子，如果有一个快乐的妈妈，孩子在镜子里看到的自己是被接纳的、可爱的、有支持的、可以勇敢的、自信的自己；倘若有一个不快乐的母亲，孩子在镜子里看见的，是一个不该快乐的、不被喜欢的、缺乏勇气和自信、孤独的自己。

每个母亲大概都希望自己的孩子明媚如阳光，灿烂如夏花，那么，就让自己先成为一个快乐的妈妈吧。

少对孩子说"我们家里很穷"

● 心理关键词：人格塑造

在你的记忆里，钱对于你是一种怎样的体验。

不要小看小时候我们关于金钱的体验，它也许会潜移默化地以多种方式影响我们的一生。

1."我想要很多很多钱"

小琪是我的一个来访者，在我们十数次的咨询过程中，她经常说："要是我有很多钱就好了"，而且我还发现，只要她每次遭遇到不顺，或者情绪状态不好的时候，就喜欢说这句"要是我有很多钱就好了"。

在咨询过程中，如果一个人经常重复同一句话，那么咨询师会很警觉地意识到，这句话对来访者是具有特殊意义的，很有可能，这句话甚至是这个来访者某种生命的隐喻。

于是，我试图和小琪探讨这句话对于她而言，到底有什么意义。

"你经常说希望自己有很多很多钱，这句话对你来说，有什么特别含义吗？"我试图唤醒小琪潜意识里的某种记忆。

"有谁不喜欢有很多钱吗？"小琪反问。

"嗯。那你有没有因为没有钱，有过什么不太好的体验？"我继续问。

"天啊……那简直太多了。"小琪感叹道。

小琪出生在一个父母身体都不健康的家庭，这个事实引发的继生事实，便是家里的经济条件也相对差一些。小琪回忆说，自己从小就是学校里的"特困生"，为此，她经常觉得自己低人一等，和老师及同学们的关系也弄得很糟糕。

在小琪的记忆里，同学们经常欺负她，比方说在课桌上画线，不准她"过界"，如果"过界"了，就会推开她；再比方说，如果和同学发生了争执，老师一定叫她去办公室进行批评教育，而非争执的另一方……在小琪的内心里，她坚信这一切的不公正待遇，都是源于家里的贫困。她总是幻想"如果我有很多很多钱，他们就不敢这样对待我了"。

这个信念并没有停止于童年，而是伴随着小琪长大。比方说家庭聚会的时候，表兄妹们的生活条件都很好，小琪就会觉得自愧不如，然后心想"要是我有很多钱就好了"；同事聊天的时候，小琪也经常能从对话中，看到别人对自己的嫌弃，然后又想"如果我有很多钱，你们肯定不会嫌弃我"。

这个核心信念，像一堵墙，将小琪的内心分成幻想和现实两个部分，现实的部分：经常能从各种比较中看见其他人对自己的不满；幻想的部分，总是憧憬着"要是有很多钱，就可以拯救自己"。

2. "我的价值等于金钱的价值"

情结（complex）这个词儿，是心理学家荣格首先在心理学领域提出来的，它的具体含义，各个流派都有不同的解释，在荣格自己看来，情结是一种无意识的组合，是人关于观念、情感、意念的综合体，最终会通过人的语言、行为等方式表现出来。

毫无疑问，对于小琪来讲，"我想要很多很多钱"，就是她自己某种情结的外化。

在小琪根深蒂固的观念里，自己被同学欺负、被老师批评，甚至被亲戚嘲笑、被同事奚落，所有这一切的根源，都是因为自己家里没钱，倘若她家也能像其他家庭一样富裕，那么她应该能受到更好的待遇，她的成长经历中也会有更多快乐的回忆。

看到这儿，你可能会好奇，小琪家里到底有多贫困？会是家徒四壁吗？会是吃了上顿没下顿的饥饿难忍吗？会是衣裤被缝缝补补几十回吗？

并不是，小琪的母亲有正常的工作，亲戚多少也有些帮扶，可以解决基本温饱问题，偶尔也可以提升一下生活质量。

那么，小琪为何还会体验到自家的贫穷，继而希望有很多很多钱呢？

答案在于，在小琪的潜意识里，她的自我价值在生命早期就被剥夺了，她体验不到自己的价值，就好像一个空心人，到处在找"我到底是谁"的答案。终于，在学校教育中的遭遇，让初有自我意识的小琪好像发现了有关自己的秘密——原来，我不被大家喜欢，就是因为我没有钱；原来，只要有钱了，所有人就都会喜欢我了。

小琪相信，自己的价值完全等于金钱的价值。所以，为了更好地体验到自我价值，她就拼命寄希望于自己变成一个有钱人。每每现实中遇到挫折，她就会让自己活在一个虚构的世界里，在那个世界里，她是一个富有的人，可以对别人指指点点，再也不用看别人的脸色，再也不用忍着内心的委屈。

3. "没有钱，我也可以很好"

很显然，对于小琪而言，"有很多钱，我才有价值"是一个错误的核心信念，而造成这个核心信念的成因，不是她家庭的贫困，而是她父母亲的人格。

小琪的母亲，是一个比较挑剔、性格严厉的女性，对待小琪的方式，也以指责打骂为主，在小琪的记忆里，"不知道什么时候，她就会一巴掌打到我头上"。

除了有个性格暴躁的母亲外，小琪还有个软弱的父亲。因为自己身体残疾，父亲经常把自己对这个世界的不满，倾泻给小琪。小琪说："每次听到他和我抱怨，我都想逃开。"

在这样一个三口之家，建立规则的父亲是缺位的，温柔慈爱的母亲是缺失的，本该在爱中健康成长的小琪，无奈被严厉、忽视、委屈等包裹，她除了惴惴不安，除了迷失错乱，我们还能要求一个孩子怎么办？

在后续的咨询中，我让小琪尝试了一下角色置换："假想，你的班级上除了你是一个特困生外，还有一个特困生，她总是以微笑示人，对待人也很有礼貌，遇到不会的问题，也很谦虚地跟同学们请教，放学的时候，也会主动邀请同学们一起回家，你觉得，你会讨厌她吗？你会嫌弃她是一个特困生吗？你会因为她贫困就瞧不起她吗？"

小琪想了想，说："不会，我觉得她挺好的。"

我又问："同样都是特困生，你为什么觉得她挺好的，觉得自己很糟糕呢？"

小琪没有回答我这个问题，而是在我对面默默流泪。

在那次咨询结束的时候，小琪跟我说，她明白了，即使她没有很多钱，也可以是一个有价值的人。

这个"咒语"，看似被打破了。但是或许她不知道，那只是她黑暗的深井中被悄悄照进的一束光，距离她内在世界的天朗气清，还有相当长的一段路在等着她。

让人值得欣慰的是，好在已经照进了一束光。

如果你已经为人父母，请记住：不要总是和孩子强调"家里很穷"，这未必会激起孩子的斗志，倒很可能让他（她）体验到匮乏。最好的财商教育，是让孩子知道，他远比金钱更宝贵。

06

好爸爸都懂得放下权威，成为孩子的伙伴

● 心理关键词：人格塑造

　　我们每个人心中都根植着一个父亲的形象，他可能如朱自清笔下的父亲一样沉默，又或者如红楼梦里的贾政一样严苛……这些不尽相同的父亲形象，在悄无声息地影响着我们的一生。而一位真正的好父亲，通常都能够放下自己的权威，成为孩子的伙伴。

1. 与孩子平等沟通，是好爸爸的基础

　　在一些家庭中，父亲有着至高无上的地位，他们通常冷峻、刻板、严厉，与孩子之间有着一道隐形的分水岭，这道分水岭叫作"权威"。

　　为了展现自己的权威，这些父亲会和孩子保持距离，不参与孩子

的活动，又或者站在自己的角度，对孩子提出很多批评和要求。

高晓松曾在一档节目中坦言，他和自己父亲的关系不太好，从小就不向父亲提问题。实际上，高晓松很早就意识到了自己和父亲之间的隔阂，他在《矮大紧指北》里也曾提到，他长大后，有一次试图和父亲展开沟通，他尝试问了父亲："咱俩要不要聊聊？你有没有什么想对我说的？"他的父亲见状，习惯性地摇摇头，说："没什么想说的。"高晓松说自己从此之后，再也没有主动和父亲沟通过。

用他自己的话说，就是"在我二三十岁的时候，我有长达二十年的时间，因为对原生家庭的不满，尤其是我和我父亲的关系，导致我特别讨厌别人干预自己，爱较劲"。

著名心理学家阿德勒在他的著作《自卑与超越》中曾说道："父亲对孩子的影响非常重要，许多孩子终其一生都把父亲视为他们的偶像或者最大的对手。"

能够平等地和孩子展开对话，是一位好爸爸的基本素养。平等的背后，代表的是尊重孩子的独立，看见孩子的需求，共情孩子的情绪。

被父亲平等对待过的孩子，才能从父亲那里获取认同，从而完成良好的自我接纳，活得既不和别人较劲，也知道不去为难自己。

2. 好父亲，会让孩子获得力量感

在众多的童星当中，王菲和李亚鹏的女儿李嫣，患有先天唇腭裂，算是比较特别的一位。

时光荏苒，这个孩子如今已经长成一个亭亭玉立的大姑娘。在这一路成长中，她玩过直播、走过 T 台，也和父亲参加过慈善晚宴……无论什么场合，你都能从这个天生有些特别的孩子身上，看到自信和力量，而这，才是一个人光芒万丈的根本。

我想，李嫣之所以如此健康自信，家庭教育起到了非常重要的作用。

每个父母都是孩子的一面镜子，你怎么对待孩子，孩子就在你这里照见什么样的自己。

心理学家弗洛姆曾说："父亲是教育孩子、向孩子指出通往世界之路的人。"

倘若父亲的形象是高大伟岸、充满力量的，那么孩子也能够从父亲身上攫取力量，去对抗这个世界的恶意；而如果父亲是软弱无力的，这个孩子也容易体验到自己的无助感。

3. 好爸爸，会塑造孩子乐观的世界观

"如果你有梦想的话，就要去捍卫它。那些嘲笑你梦想的人，他们必定会失败，他们想把你变成和他们一样的人。"

这是电影《当幸福来敲门》中一句非常经典的台词，是父亲克里斯站在球场旁边，对儿子克里斯托弗说的一句话。而说出这句话的父亲，刚刚经历失业、妻子离家出走、被房东赶出房屋等种种遭遇。

交不起房租的父子俩流落街头，克里斯和儿子在午夜地铁里相对无言，儿子不能理解为什么不能回家住，爸爸却开始玩游戏："我们通过时光机，到达古代了！"儿子立刻兴奋地配合起来，环顾左右。父子俩在"恐龙"的追杀下，逃到了一个"山洞"里，"山洞"是什

么呢，其实是一间男厕所。

即便是人生的最低谷，即便现实中找寻不到任何一丝希望，这位父亲也还是给自己的儿子留下了一个色彩斑斓的世界。

心理学认为，父亲在家庭教育中的功能，更多的是帮孩子建立认识世界的规则。

犹如电影《当幸福来敲门》中的小儿子，他通过父亲的言传身教深深地相信：要去捍卫你的梦想，也许有一天，它真的会实现。那么成长岁月里再多的幽暗、再多的不堪、再多的无奈，也许都无法绊倒他，因为他的内心住了一个伟岸的父亲，这个父亲给他画了一个彩色的未来。

一位好父亲，一定会帮助孩子塑造一个乐观的世界观，从而帮助他们在曲折的人生路上走得更长、更远、也更稳。

第五章 职场

绘者：王云涛

比站在领奖台上更重要的事情，
其实是发现了：
原来，我也可以

01

工作中总是爱拖延，怎么办

● 心理学关键词：ABC 理论

拖延症这个问题，在职场中很常见。只要别人不催，自己坚决不干。也正因如此，很多人因为拖延症错过了很多机遇。拖延症不仅会影响工作效率，还会影响职场前景。

1. 你到底在拖延什么

在艾娃的工作行程提醒中，今天有一个项目总结要交。于是，她想着去公司早一点，趁大家都没来，可以安静地完成这篇总结。可是她到公司后，肚子饿了，于是决定先吃早餐吧。吃完早餐后，回到办公桌，发现桌子上的绿植很久没浇水了，紧接着就去水房打水，给绿植浇水……就这样，当她正式坐下来写总结的时候，其他同事也都来公司了。

她决定要不过会儿再写吧。这时，她发现网页有一个热门推送，她就立马打开了这个推送。看完热门推送，又发现有同事在企业论坛发布了离职通知的信件……如你所料，一上午的时间就这样过去了。

中午吃饭的时候，艾娃开始有点焦虑了，她提醒自己下午一定要集中精力把这篇项目总结按时完成，不能等着老板来催。可是，下午的时候，她同样状况频出，快下班的时候，那篇项目总结仅仅只开了个头。

在艾娃的记忆里，老板已经找她谈过好几次话了。

职场中，类似艾娃这样的人，他们痛恨拖延症，却又似乎对它无计可施，他们也搞不明白自己为什么一定要拖延。

其实，<u>我们之所以会对一些事情产生拖延，最重要的原因就是我们和要做的那件事情之间的关系是对抗性的，而非一致性的。</u>这是什么意思呢？给大家举个小例子，比如有些小朋友回到家写作业（读课文），内心是特别不想做的，愁眉苦脸的；可是同样是读书，如果你给他递上一本漫画书或者他喜欢的课外读物，他会立即喜上眉梢，翻开就读。在这个例子里：

√ 读学校布置的功课，就是对抗性的关系，这是外界，也就是老师和家长对自己的要求，不是自己发自真心想做的事情；

√ 而看漫画书，就是一致性的关系，这是自己真心喜欢做的事情，不是别人对自己的要求。

问题又来了，我们为什么要和那个工作任务对抗呢？是它真的太可恶了？还是它真的太难了？

2. 拖延症的多层心理

拖延症本质上是一种关系上的对抗，但我们往往不是对抗事件本身，而是对抗了很多我们无法察觉的自己的潜意识。

首先，你可能在对抗头脑里的父母。

如果一个人从小的时候被父母管控得太严格，缺乏灵活的自我空间，那么这个人就会有比较强烈的对抗心理。这种对抗心理不仅体现在人际上，而且体现在生活的方方面面，尤其是面对权威人物发布的任务或者建议，他们无意识的反抗就越强烈。他们试图通过反抗的方式，来维护自己的边界，弥补童年被过度侵犯导致的自我空间的缺失。

对于这些人而言，他们的拖延本质上不是反抗事件本身，而是事件可能代表了某种权威，而这让他（她）的潜意识感受到了小时候来自父母的过度管控，他（她）想要反抗头脑里的那个父母，而这时候的事件，就从某种程度上代表了象征权威的父母。

对于这些人来说，拖延症是一种"我要做自己"的宣言。

其次，反抗平庸的自我。

小时候没有被好好接纳的人，在长大之后容易对自己有较高的要求。如果在做事情上，就会体现为追求完美情结。因为对于他们而言，外部的事情象征自己的价值，只有事情做得完美了，自己的价值才能被肯定。

一个有完美情结的人容易陷入拖延，本质上不是他（她）接受不了事情做得糟糕，而是他（她）无法接受别人对自己价值的不认同，他（她）反抗的不是事情本身，而是平庸的自我。在他（她）的潜意识里，平庸的自我是不被欢迎、不被爱的，只有完美才有被爱的资格。

对于这些人来说，拖延症是一种"我很好"的证明。

此外，反抗过高的期待。

小时候被赋予过高期待的孩子，长大后很可能会无意识搞砸很多事情。比如很多小朋友从小就被要求考第一名，如果不考第一名就会迎来父母的打击，那么就意味着这样的期待对于他（她）来说是很大的压力，他（她）无法承受这样的期待。当他（她）长大之后，由于自己无法承受来自他人的高期待，就会在潜意识里指挥自己不要把事情做得那么完美。

对于这些人来说，拖延症是一份"我怕成功"的说明。

3. 如何摆脱拖延症的困扰

摆脱拖延症，可以尝试使用认知心理学中的"ABC 合理情绪疗法"，这个理论疗法是由美国心理学家埃利斯提出创建的。

ABC 来自英文词的三个首字母。在 ABC 理论中，A 指诱发性事件（Activating events）；B 指个体在诱发事件后相应产生的信念（Belies），即他对这一事件的看法、解释和评价；C 指在特定情境下，个体的情绪及行为结果（Consequences）。ABC 理论指出，诱发事件 A 只是情绪和行为结果 C 的间接原因，真正导致 C 发生的直接原因，是个体对触发事件的理解和评价 B。

举个例子来解释一下 ABC 理论，比如甲和乙两个人同样去参加一个职称考试，结果是两个人都没有通过考试。对于同样都没有通过考试这个结果，甲并不是很伤心，他觉得"这次没过没关系，下次再认真准备一下，也许就能过了"，而乙则表现得非常难过，甚至大哭起来，他觉得"我这么努力都没过，只能说明我这个人愚蠢至极，这辈子都没可能通过考试了"。——你看，同样的一件事情，由于甲和乙对这件事情的理解和解释不同，他们就表现出完全大相径庭的行为和情绪，这就是ABC理论在现实中的应用。

我们在一件事情上表现不好，很多时候不是由于事情决定的，而是由于我们自身的"不合理信念"导致的。把这个理论扩展到拖延症上，我们就可以这样来使用：

对于那些从小被管控很厉害的孩子来说，当他们接到一个来自权威人物的任务时，他们心里的信念大概是"怎么又给我派任务，真是烦死了，我讨厌别人总是管我"，这个信念带来的结果自然就是行为上的反抗和情绪上的厌倦。但是，如果我们把信念调整一下，换成——"领导把这个任务交给我是因为相信我，做好这个任务也许就能得到领导的赞赏和未来的升职"，那么你的对抗情绪可能就不那么强烈了，拖延也能得到一些缓解。

同样，对于那些习惯追求完美的人来说，把信念从"我必须做到完美，才能证明我的价值"换成"我不需要向任何人证明我自己，我只是完成它而已"；对于那些害怕高期待的人来说，把信念从"高期待太可怕"换成"你期待是你的事儿，我做成什么样是我的事儿"，那么这两种拖延症也许会由于信念的调整，而获得改变。

除了ABC理论，你也可以尝试"行为替代疗法"，就是每当你想拖延去做其他事情的时候，就强迫自己用完成任务的"微小事件"替代转移你注意力的事件。比如，当你的任务是写稿，而你总是被刷短视频转移注意力而拖延的时候，强迫自己用"只写一个字"来替代

"刷短视频"，写一篇文章的难度很高，可是写一个字的难度却很低，当你真的写下一个字的时候，第二个字其实也会自动闪现出来，你的稿子也就不至于一直拖延下去了。

此外，你还可以尝试"奖励疗法"，就是给自己完成任务设置一个小奖励，以此来正向激励你的拖延症。

当然，如果你的拖延症很严重，你可以尝试把这些疗法组合起来共同使用，当你这么努力去改变自己的拖延的时候，相信自己都不好意思再拖延下去了。

02

不知道自己要什么，如何攻克职场迷茫期

● 心理学关键词：自我探索

职场迷茫，是很常见的一种现象，具体表现就是对目前的工作没有什么激情，有一种"混日子"的心态，但是如果真的让自己跳槽，却又不知道该找什么工作好，如果继续追问下去，他们总是会说："我不知道自己想要什么。"

1. 被封印的探索能力

当一个人说"我不知道自己想要什么"的时候，他很可能陷入了一个自欺欺人的伪问题中，很多时候，我们对自己想要什么，其实是非常清楚的。不是吗？不妨试着回答下面的问题：

你是想要六块腹肌和马甲线，还是想要一个肥硕的肚腩？

你是想要年薪五十万元，还是年薪五万元？

你是想要被领导认可，被同事们嫌弃？

你是想要每天志气满满，还是每天郁郁寡欢？

……

怎么样？是不是对这些问题的答案都清晰明了？是不是非常清楚地知道自己想要什么？

可能有的人说了，但是还是不知道职业迷茫期的问题怎么解决。

对于"自己到底想要什么"这个问题，之所以一会儿知道，一会儿又不知道，是因为问题的提问方式不同。在前者的选择题中，我们很容易找出自己想要的答案，但是在后者的开放式问题中，我们就像一只迷失在森林中的小鹿，不知道该朝哪个方向奔跑才能回到家。

无法在开放式问答中回答"我想要什么"，本质上和我们的探索能力有关。我们的生命早在两三岁的时候就进入探索期，在这个阶段，一个宝宝充满了对这个世界的好奇心，比如会很喜欢玩水、玩泥巴、玩沙子，而且有时候也会去触碰一些危险的东西，比如会对爸爸的打火机感兴趣，等等。孩子的这些行为，就是在探索这个世界，并且通过探索世界来了解自己，因此，这个阶段被称为"自我探索阶段"。

如果在这个阶段，父母对我们的管控不是特别严格，我们就会发展出具有探索能力的自我，探索的雏形在这个时候就会在我们的心智中留下烙印。反之，如果父母特别焦虑，不允许我们"瞎玩"，我们探索的能力就会被封印，从此变成一个听话的"乖小孩"。

探索能力强的人会由好奇心驱动自己去了解这个世界和自己，并且在探索的过程中发现自己的优势和喜好，更容易找到人生的方向。

但是那些探索能力弱的人，由于不被允许探索，所以他们大部分的成长经历都是活在权威人物的允许之下，头脑里更多的是"我应该做什么"，而不是"我自己想做什么"，因此也就难以发现自己真正的爱好以及渴望的人生方向。

2. 调整内在自我意向，选择为自己而活

想要走出迷茫期，就要真正地为自己而活，用好奇心去驱动自己不断探索，在探索中发现全新的自己和渴望的人生。

你需要调整内在的自我意象。内在自我意象的调整是一个比较漫长的过程，为了更快地找到自己真正喜欢的事情，你可以同时做以下两个练习：

第一个练习：记录你的快乐时刻。

我们的潜意识，会比我们更了解自己。如果你不知道自己喜欢什么，可以去询问你的潜意识，潜意识会通过情绪来反应你的喜好。比如你开心的时候，肯定是喜欢这件事情的；但如果你悲伤难过，那你肯定是不喜欢这件事儿的。所以，记录你的快乐时刻——记录每天让你感到快乐的人和事儿是什么，然后持续一段时间，比如一个月。根据一个月的记录，分析一下那些快乐事情的共性是什么，也许你就找到自己喜欢的事情了。如果你记录的快乐时刻，以独处居多，那么你可能更适合独立性偏强的工作，比如设计、写作等；如果你记录的快乐时刻，都是和朋友们在一起，那么你可能更适合团队协作类的工作，比如运营、策划等。

第二个练习：从他人身上找自己。

我们做自己擅长的事情，会更容易得到正反馈，从而帮助我们取得更好的成绩，因此，探索自己擅长什么也很重要。

当你不知道自己擅长什么的时候，可以把他人当镜子，从他们身上去找你自己。你可以看看，同事朋友都在什么时候会请你帮忙，那么可能他们的请求就暗藏了你的优势。

比如：同事总是让你帮忙想想创意的点子，这可能说明你的创造力和想象力很好，那你可以去做一些产品设计的工作；同事总是找你帮忙写东西，那可能说明你的逻辑思维能力和文字表达能力很好，你可以做些与这些特点相关的工作，比如文案工作等。

3. 燃烧自己不留遗憾

很多人的迷茫，其实都不是源于对生活细节的迷茫，而是对人生定位的迷茫：我是谁？我想成为什么样的人？人类的职业、形象不计其数，但综合而言，我们大多数人羡慕的大致分为两类人：强者和智者。

所谓强者，就是以奥林匹克精神不断训练自己"更高、更快、更强"，努力在竞争中获胜。企业家董明珠就是强者的代表，她通过三十多年的经营，将格力从一家合作社变成了"中国造"的实力派强人，无论是品牌影响力还是业绩都名列行业前茅，这就是强者的体现。

而智者的生活态度更符合老子的"无为"思想。

至于是活成一个强者，还是活成一个智者，我们要评估自己的心性。

成为强者或者成为智者，都是通往幸福的道路，前提是和我们的心性、能力是匹配的。如果心性不够、能力不足，却又偏偏强要，那必然会造成痛苦，甚至苦难。活成强者，需要实力，也需要运气；而活成智者，需要放下冗余的欲望。无论是成为强者还是成为智者，都各有各的悲欢、各有各的磨难，所以不必互相羡慕。

　　不管最终我们活成什么样子，只要我们燃烧过、绽放过，就没有白来人间一趟。

03

不敢表现自己，如何远离"职场透明人"

● 心理学关键词：自我接纳

职场上有这样一种人，他们不太敢在别人面前表现自己，公开场合不敢发表演讲、老板布置有奖任务不敢主动争取、领导误会自己了也是默不作声……他们就像一个"透明人"，常常被人忽略和忘记。

一个人不敢表现自己，很多时候不是和他的能力有关，甚至也不是信心的问题，更多时候，是和他自身的边界意识有关。

1. 害怕自己被人看见

小唐马上就硕士研究生毕业了，在攻读硕士期间，他也在导师的工作室做着见习助理的工作，帮助老师处理一些调查资料或者课件撰写等工作。让他觉得有些焦虑的是，他发现自己在工作环境中不太敢表现自己，以至于错过了一些重要的机会。

比如有一次，导师邀请一位同学和他共同参与一个项目，项目如果顺利通过的话，可以得到一笔奖金。其他同学都努力去争取这个机会，但是小唐却默不作声，他说并不是怀疑自己的能力，也不是对自己没有信心，只是觉得站到前面去和大家争抢，"挺不好意思的"。

不仅如此，工作室的每一次聚餐、每一次开会，小唐都不是那个爱表现的人，通常都是坐在角落里，不太爱说话，对此，小唐给出的解释是，"感觉自己好像挺害怕别人看见的"。

一个人不愿意站在聚光灯下，害怕被大家看见，这是一种典型的回避心理。小唐在回避什么呢？在他的记忆里，自己最早一次不愿意被别人看见的经历，是他大概读小学二三年级的时候，有一次因为他放学不回家和其他小朋友跑出去玩，由于玩得太过疯闹，把上衣也丢了，他的妈妈让他光着上半身在走廊里站着，来来往往的邻居看着他，投来一阵阵笑声。

小唐的妈妈是一个比较严厉的母亲，她对小唐的要求很高，除了要好好学习之外，还会要求他：见到外人主动问好、在家人面前要开朗大方、吃饭的时候不可以乱踢脚，等等，但小唐本质上是一个性格比较内向腼腆的孩子。

母亲的过度管控和改造欲望，本质上是对真实的小唐不接纳，这也让小唐不太喜欢真实的自己，所以他回避聚光灯，回避大家的关注，回避领导的器重，本质上其实是在回避真实的自己。

2.边界感薄弱是也不敢表现的诱因

一个人的真实自我如果没有被良好地接纳，除了导致他不敢在人际中表现自己，回避大家的关注之外，也会导致他的边界意识薄弱。具体而言，他会在行为中有以下这些表现：

（1）总是无意识地承担别人的情绪

比如小唐在竞争中不敢主动去争取，内心可能会因为担心自己如果真的拿到了项目，在竞争中获胜了，那么别人可能会很难过或者很愤怒。他把别人的情绪都归因于自己，把别人的情绪都背负在自己身上。

一个人为什么要为别人的情绪负责呢？就是因为太想让自己做"好人"，通常这类人的自我要求和自我道德感都特别高，喜欢用高要求和高道德感来获取自己的价值感。

（2）总是担心"自己还不够好"

很多人在工作中不敢表现，也是因为潜意识里一直担心"自己还不够好"。

"我不够好"实际上是一种很牢固的自我认知模式，是一种非常核心的自我信念。有这种核心信念的人，常常是因为在成长的过程中没有受到很多的鼓励，而是遭受了很多的打击，以至于他特别害怕自己做不好，害怕自己犯错误。为了避免这些情况，索性就不表现了。

（3）过分在意外界的评价

一个人的真实自我如果没有得到接纳，就会带给他有关自我认同的困扰，他会不清楚"自己到底是谁"。这时候，外界的声音就成为回答"他是谁"这个问题非常重要的一个依据，所以他们也会格外在意外界的评价。

当一个人依赖外界的评价来定义自己的时候，就会变得格外敏感，会区分"哪些评价是好的，哪些评价是坏的"，还会想着怎么样才能避免"坏的评价"。有时候为了不让"坏的评价"出现，他们干脆就不做任何表现，这样就可以始终把自己视为"好的存在"了。

一个人的边界就好像我们自身的城墙，对我们有着重要的保护作用，当一个人边界薄弱的时候，就意味着我们很难保护好自己，那么为了避免体验到被伤害的感觉，很多人就会无意识地退缩了，因为不表现自己，就不会有伤害发生。

（4）如何做一个敢表现自己的人

人生不是等待来的，好的人生都是要靠我们自己争取来的，所以，成为一个敢于表现自己的人，拒绝成为职场上的"透明人"，不仅关乎职场前景，而且和我们的幸福感也紧密相关。

想要做一个敢表现自己的人，你可以尝试以下这些方法：

首先，拒绝糟糕的投射性认同。

所谓投射性认同，简而言之，就是别人认为我是什么，我就认为自己是什么。我们很多时候不敢表现，就是因为我们接受了别人对我们不好的投射，并且认同了它们。

不要自动陷入自我猜想的感觉里，而是学会向不同的人来确认自己的状态。比如，当你每次想要变好的时候，你可以跑去问你的领导：你觉得我怎么样？我怎样做可以得到升职？这些问题的答案会带给你一个正向的自我期待和自我认知。

同样的，每当你陷入觉得自己很糟糕的投射性认同的时候，不妨问问周边的朋友，你都有什么优点，通过朋友们的回复，你也许就会发现一个熠熠发光的自己。

其次，认清自己真实的诉求。

很多人会把目标和影响混为一谈，比如在职场中，完成某项任务，这是一个目标；获得领导的赏识，这是一种影响。很多人常常记得影响，而忘记了自己真正的目标，目标更接近客观事实，而影响更接近主观情绪。

所以当你不敢表达的时候，要学会先把影响放一边，而是聚焦在你的目标上，那么你或许就有胆量去争取那些可以表现的机会了。

此外，尝试巧妙地提出自己的诉求。

如果你实在难以开口，也可以想办法巧妙地表达自己的诉求和观点，学会借左右而言他。比如当你想争取一个项目而又担心自己的表现不尽人意怕遭到批评的时候，你不妨在和领导单独相处的时候，说自己看了一部电影，讲述了一个人很努力但没达到目标的故事，试着了解领导对这件事的看法，大概就知道领导的想法了。

最后，你还可以努力寻找安全的支持性客体。

如果你不太敢表现自己，可能意味着你成长经历过程中感到友善支持的时刻较少，那么你可以从现在开始去寻找一些可以支持你的安全客体。

在综艺节目《奇葩说》中，有一个辩手就感慨地说，自己其实每次辩论都很紧张，这时候他就会看向蔡康永，因为无论自己说什么，蔡康永都是微笑地望着他，让他有一种被支持的温暖感觉。

你也可以去找找身边的朋友，看看有哪些人总是让你觉得很舒适、很温暖，可以先试着向他们袒露自己的内心，当你从这样的关系中获得一些力量的时候，或许就可以向更多的人表达自己了。

"谁说站在光里的，才算英雄"，如果我们能够享受努力的过程，而不是那么在意某个结果，也许，表现自己就不是什么难题了。任何一个平凡而又普通的人，都曾经可能是一个英雄，所以不必害怕表现自己。

04

你是情绪稳定的职场人吗

● 心理关键词：自我拥抱

之前在网上看到这样一句话：在职场，没有人为你的情绪买单，即使你濒临崩溃，也必须保证工作的完成。听上去很冷酷，但这也揭示了一个事实，职场如战场，情绪管理是每一个职场人的必修课。

1. 总是情绪崩溃的小雅

小雅是我的一位来访者，三十多岁，在一家银行工作，保持着很好的身材和容貌。如果仅看她的朋友圈动态，你会觉得小雅应该是一个特别上进、特别努力的人，也很热爱生活。但是如果继续深入她的现实世界，就会发现，她在各个方面都进展得不那么顺利：三十多岁，还没有成功地谈过一次恋爱；虽然和父母在同一个城市生活，却很少回家；每当想找个人聊天的时候，翻遍通讯录也找不到一个可以深聊的人；参加工作近十年了，仅有过两次加薪，还是随着全单位的薪资调整而变动的，并非对她个人的奖励……总之，小雅觉得她是现实生活中的"标准失败者"。

对于自己的"失败"，小雅总结到，是因为自己总是控制不好情绪，所以导致自己状态很糟糕，人际关系也很糟糕。比如：有一个新调来的同事，和她很友好，经常一起去食堂吃饭，还邀请她周末一起去玩儿，小雅觉得可以和这个人发展成好朋友。但小雅发现那位同事不单是对她友好，和其他同事也很友好，有一次，小雅约这个同事下班一起走，那位同事拒绝了，然后和另一个同事一起走了，对此，小雅勃然大怒，发了很多条指责这位同事的信息。在小雅看来，觉得那位同事的做法简直就是一种抛弃和背板。

不仅如此，小雅在生活中也比较容易情绪激动。

小雅想知道，为什么面对同样的事情，有些人可以云淡风轻甚至一笑了之，而她却总是控制不好自己的情绪，把一件又一件事儿都搞砸。

2. 情绪是有记忆的

什么是情绪？

听到这个问题，可能很多朋友会想到很多情绪状态，比如：开心、快乐、难过、委屈、害怕、愤怒……据统计，人的情绪状态如果详细地分析，有 200 多种。但这并不能够回答我们的问题，你可以说快乐一种情绪，但不能说情绪就是快乐。

那到底什么情绪呢？在心理学定义中，情绪，是一种反馈倾向。比如：听到月底要发奖金了，你会给出快乐的反馈；有人跑过来骂你，你会给出生气和愤怒的反馈，等等。

正常的反馈倾向，会帮助我们很好地维护自己的边界，建立更加健康和谐的人际关系。但如果我们给出的反馈倾向经常是过度的、负面的，那么边界就会遭到破坏，人际关系会变得不稳定、工作不顺利等。

为什么对于同样的触发事件，会有不同的情绪反馈呢？这是因为情绪也是有记忆的。

在小雅的成长过程当中，因为父母工作很忙，曾经把她寄养在不同的亲戚家。当小雅很小的时候，她无法理解自己的母亲为什么会寄养自己，而不是把自己带在身边。对于母亲的离开，小雅感到很恐惧，觉得"妈妈不要我了，妈妈可能会抛弃我"。

妈妈离开的这个场景，仿佛像个情绪开关。只要有类似的场景出现，无论是朋友还是男朋友的离开，都会打开小雅的情绪记忆，小时候遭遇的那种对被抛弃的恐惧就会涌现出来。

你因为某些事情开心也好，难过也好，并不仅仅是因为当下这件事情开心或难过，而是因为在很早之前，就有过类似的事情发生过了，而你的情绪，也记住了发生的那件事儿。所以，小雅真正恐惧的并不是同事的离开，而是生命早期里妈妈的离开。

我们每个人的内心都会留下大大小小的伤疤，而这些伤疤就是我们自己的"情绪按钮"，如果处理不好，它们很容易让我们对一些极为平常的事情做出一些过度反应或者负面反馈。

3. 如何管理好自己的情绪

毫无疑问，如果像小雅这样，任凭自己的情绪四处宣泄，那么她不仅将失去很多朋友，职场上也会迎来被孤立的暗黑时刻。所以，管理好自己的情绪，对于一个成熟的职场人来说，是一项不可避免的必修课。

正如前文所言，我们每个人都有内心的伤疤，它们之所以能够成为我们的情绪按钮，就是因为这些伤疤上藏着一些没有被我们处理和看见的情绪，这些情绪像暴风眼，很容易将我们吸入情绪失控的漩涡。

想要控制好情绪，首先就要处理好这些未曾被看见过的情绪，对此，建议大家寻找专业的心理咨询师或者参加专业的团体治疗，经由咨询师或者团体授课老师的帮助，把这些暗无天日的情绪进行表达和释放，以此抚平内心的那些伤疤。

如果觉得自己还没有做好找专业人士帮助的准备，那么当你被负面情绪笼罩的时候，可以尝试通过以下三个动作，来管理好自己的情绪。

第一个动作：走开。当你感觉到自己要被某种情绪控制的时候，先让自己暂时离开当下的情境，从情境中走开。这个动作，可以有效帮你找回边界，建立一个新的心理空间，去容纳你呼之欲出的情绪。

第二个动作：深呼吸。深呼吸可以有效调节我们的自主神经系统，让我们更容易放松下来，从而缓和你的情绪。

第三个动作：自我拥抱。当我们被负面情绪控制的时候，往往意味着我们的潜意识感受到了伤害，这时候，我们的内在安全感是相对较少的。自我拥抱这个动作，可以让我们关注自身，获取更多内在的安全感，这样我们才有力量去调整对事情的认知，避免让情绪失控。

05

别让"不好意思"害了你

● 心理关键词：自体客体

《人间失格》里说过这样一句话："我的不幸，恰恰在于我缺乏拒绝的能力。我害怕一旦拒绝别人，便会在彼此心里留下永远无法愈合的裂痕。"

现实生活中，有些人在职场中害怕得罪人而不好意思拒绝别人，越是不好意思，沉没成本就越高，最后拖累的其实还是自己。

1. 因不敢拒绝差点出大事的小雪

我的一位来访者小雪向我咨询，她每天早上醒来不愿意去上班，夜里经常失眠，想着周末可以放松休息一下。可到了周末，却忽然没了动力。看到朋友们成群结队地约着出游或者喝下午茶，小雪非常羡慕，她觉得自己是不是"抑郁"了。

小雪为什么会这样呢？

原来，一个多月以前，有一个周末，领导让小雪回公司加班，那天小雪整个人都感觉身体很不舒服，于是就拒绝了领导的安排。可是，这个拒绝不但没有让小雪的状态变好，反而加重了她的不舒服：她开始在心里嘀咕"领导会不会因为我不去加班而生气""他不会在日后的工作中为难我吧""唉，为什么偏偏在这个时候生病呢，如果不生病就不用拒绝领导了"……

很显然，小雪是一个在工作中不懂得拒绝的人。那么，她在生活中怎样呢？她的母亲常常催促她相亲，明明相亲的对象不是她喜欢的类型，可是因为妈妈说好，她就强迫自己与对方交往。

她的朋友因为买车还差几万元钱向她借钱，她自己本来积蓄也不多，可她还是把自己银行账号上的三万元钱全部取出来借给了对方，结果对方过了大半年也没还给她，她自己的很多计划不得不因此取消。

最危险的一次，是有个朋友找她借车，她想着自己周末反正也不出去，就把车借给了朋友。结果，那位朋友在高速路上与其他车辆连环追尾，所幸，没有人员伤亡。

看来，生活中的她也是不太懂得拒绝。她很想知道，为什么有些人可以洒脱地对别人说"不"，而对自己来说，这件事儿却是那么地艰难。

2. 不敢拒绝的成因

不敢拒绝，实际上一个人在成长过程中形成的处理关系的模式，它像一个代码一样，深深地烙印在很多人的人格结构中。

关系是由"我"和"你"构建而成的，不敢拒绝，意味着在关系里，"我"要完全满足"你"的要求。也就是说，在一段不敢拒绝的关系里，是没有"我"存在的，有的全部都是"你"，你的需求、你的提议、你的满足，淹没了所有的"我"的存在。

为了让大家更形象地理解这种关系模式的形成，下面我们来做一个思想实验：现在，请把自己想象成一个婴儿，此刻的你正躺在摇篮里，窗外升起的太阳提醒你，新的一天来临了，你感觉自己的肚子空空的，很饿，于是开始哇哇大哭，因为这时候的你还不会说话，所以只能用大哭的声音吸引母亲的注意，以此来解决你的饥饿问题。你哭了好几分钟，却发现母亲并没有来到你的身边，你只能接着继续大哭。

请问：你此时此刻的感觉是什么？

会不会有一点愤怒？怎么没有人给我吃东西呢？记住这种感觉。

让我们继续思想实验：在你日后成长的过程中，婴儿时期的经验常常发生在你的生活里。有一次，正在读小学的你和母亲说，其他同学都买了一款很漂亮的运动鞋，你也想要，结果母亲不但没给你买，还说你应该把心思放在学习上。时间继续流逝，你来到了中学，你发现自己对一个同学产生了好感，于是把自己的心事写在了日记本上，你的妈妈整理房间的时候，无意间发现了这个日记本，发现了你记录的秘密，于是在某日放学后，你妈妈跟你摊牌，向你质问那个同学是谁，还扬言要去学校找老师。为此，你想要反抗，可是你的母亲却说，如果你不跟她讲明情况，就切断你的经济来源。你说明了情况，选择了顺从。

请问：这个时候，又有什么感觉？

是不是觉得自己一点也不被尊重？是不是觉得以后再有什么想法和要求，都不想和母亲提了？

好。我们的思想实验到这里就结束了。你刚刚感受到的一切，就是一个不敢拒绝的人内在关系模式形成的过程。在这个关系模式中，你以往的经历告诉你，即使你表达了自我的想法和要求，大概率上也会被拒绝，如果你继续坚持，很可能会导致关系破裂。所以，你因此关闭了自我表达的通道。

从这个思想实验中，我们可以看到，一个不敢拒绝别人的人，对关系有以下三种非常核心的信念：

（1）关系是脆弱的

就好像在上面的思想实验里，你为了避免关系的崩塌，会尽全力去维护关系。

（2）失去关系，是我承担不了的

不仅仅是婴儿，每个成年人，也都需要关系，只有在关系中，我们才能存活。想想看，如果你没有一个朋友，家人也不理会你，同事也不搭理你，那样一个世界，你能接受吗？

因此，每个人从某种程度来说，都害怕失去关系。可是如果你要是拒绝别人，就有可能承担失去关系的风险，很多人承担不了失去关系这个现实，所以宁愿委屈自己，也不拒绝别人。

（3）我必须通过关系，来完成自我确认

正如思想实验里所阐述的那样，从小你的母亲就不重视你的要求和意见，想想看，那是一种什么样的感觉？你是不是会发出疑问，自己到底怎么样做，才算行呢？为了证明自己行，你就必须要顺从你的母亲，讨好你的母亲，把真实的自己隐藏起来。

对于不敢拒绝的人来说，长大后也习惯性地顺从别人，因为只有顺从别人，才能感受到"我是好的""我是对的"，从而完成对自我的确认。

3. 如何正确拒绝别人

想要学会拒绝别人，我们首先要找到"我"，是不是只有"我"就可以呢？当然不是，而是要坚守一个原则，这个原则就是：找到"我"，兼顾"你"。

在这个原则的基础上，我们提出一个敢拒绝的 VAR "三步"法。

第一步：证实 Validate

当我们接收到一个人的请求或者要求时，我们首先要证实对方的处境以及可能由于你的拒绝可能给对方带来的感受。

比如在最开始的案例中，小雪拒绝了领导的加班，如果她直接拒绝领导，她可能会说："领导，我上周已经加过班了，这周不加班了""领导，我身体不舒服，不能加班"。这样直接的拒绝，都在强调自己，而忽略了对方，会给对方带来一种不被理解的感觉。

但是如果你先能够证实对方的处境，小雪可能就会这样说："领导，我知道您现在特别需要人帮忙……"，不管后面她是否答应领导去加班，领导都会有一种被理解的感觉，因为被理解了，所以也就不太容易因为被拒绝而受到伤害。

证实对方的处境和感受，本质上就是表达自己的共情，表达自己对别人的看见，被人看见，就是一种疗愈。

第二步：坚持自己的主张 Assert

这是找到"我"的关键部分，也就是说，面对对方的请求，你要承认自己的现实和能力，明确地说出自己拒绝的理由。

继续以小雪为例，她拒绝的原因是因为身体不舒服，那么基于证实对方处境和感受的前提下，她应该继续说道："但是，我今天身体特别不舒服，浑身没力气，也吃不下饭，所以可能没办法去公司加班了。"

这样，对自己的真实处境有了客观的描述，也明确表达了自己拒绝加班的立场，就不会为沟通留下模糊误会的空间，从而影响关系的发展。

第三步：强化 Reinforce

在沟通的最后，我们要再次强化一下替对方着想的部分，以减少自己的拒绝带给别人不好的感受，也就是我们上面提到的"兼顾你"的原则。

小雪在拒绝了领导之后，她可以进一步表达："您加班也很辛苦，一定要注意身体，等我病好了，一定第一时间去帮您分担更多的工作。"

强化替对方着想的部分，实际上是在表达你很在乎对方，也很在乎这段关系，从而让关系往良性循环的方向发展。

因此，小雪如果想拒绝领导加班的要求，又不伤害关系，她完整的表达可以这样说："领导，我知道你现在特别需要人帮忙，但是，我今天身体特别不舒服，浑身没力气，也吃不下饭，所以可能没办法去公司加班了。您加班也很辛苦，一定要注意身体，等我病好了，一定第一时间去帮您分担更多的工作。"

怎么样？会不会觉得这样拒绝别人，没有那么困难了？

按照这个方法，想想看：如果你妈妈逼你去相亲，你该怎么拒绝她呢？有同事让你替他完成工作，你又该怎么表达你的拒绝呢？

06

你和职场高手之间，差的也许是行动力

● 心理关键词：延迟满足

　　人与人之所以能拉开距离，行动力起很重要的作用。不行动，梦想就只是好高骛远；不执行，目标就只是海市蜃楼；不动手去做，理想生活就只能是镜花水月，只能在幻觉里空欢喜一场。

1. 不是所有的行动力，都有正面意义

　　朋友小 A 是一个思维非常跳跃的女孩，经常是你正在跟她聊晚饭吃什么，她下一句就可以回复你说她在外太空遨游。

　　与她这个思维相对应的是，她的行动力也很强，总是想到什么事情，马上就去做了。比方说，她想到要学画画，马上就会去买一整套画具回来；她想到要学音乐，马上又会买一个吉他回来……

　　不过，小 A 也经常因此让人大跌眼镜，譬如还没画上两幅画，画板就堆在了杂物房；吉他也还没有学会，上面就已经沾满了灰……而这时，她又尖叫着说，她发现了新爱好——现代舞！可想而知，半年过后你再见她，估计她又会说自己爱上了浮潜或者蹦极。

　　很显然，小 A 这样的行动力，并不具有正面意义，耗费了时间、精力、金钱不说，最终还是什么都没有学会，人生依旧站在原点。

　　像小 A 这样的行动力，在本质上还是为了抵抗内在自我的焦虑。因为我们每个人，在超我层面都会对自己有一些要求，比方说我们会要求自己有进步、会要求自己有成长，但是当生活陷入一成不变的方程式时，我们就会感觉很焦虑。那怎么办呢？当然是主动给自己创造一些可以彰显我们进步和成长的机会。

　　于小 A 而言，所有的学习机会其实都是她给自己主动创造的机会，用看似在努力学习的仪式感，来缓解来自内在超我的焦虑。一旦这种仪式感停下来，来自超我的焦虑就会复发，所以小 A 真正在意的根本不是自己最终学会了什么，而是给自己一种一直在学习和进步的幻觉。于是，她就会不间断地给自己找事情做，来避免体验自己内在的焦虑感。

　　所以，当你决定要做一件事情的时候，你要问一下自己，究竟是真心喜欢这件事，还是仅仅为了抵抗自己潜意识里的焦虑？如果是后者，即便是很强的行动力，也未必会带来正面的效果，因为你更在意的不是事情本身，而是自己看上去很努力的样子，所以一旦事情进展不顺，你就会很容易放弃，从而换一种更简单的方式，来维持自己看上去很努力的虚幻感。

2. 行动力不足，是因为无法延迟满足

当然，很多时候，我们还是真心希望自己能够实现某些计划，比方说养成运动的习惯，或者阅读的习惯，等等。但是，为什么即便是面对真心想要的事情，自己还是缺少行动力呢？

回答这个问题之前，让我们来做一个假设：现在让你做三组俯卧撑，每组 30 个，如果做完，立即给你 1000 元作为奖励，你会做吗？同样的，三组俯卧撑，每组 30 个，然后我告诉你，你坚持一年，会收获六块腹肌？你还会像刚刚那样跃跃欲试吗？

面对同样的事情，由于奖励方式的不同，我们自己付诸行动的意愿也是不同的。

面对那些可以立即得到奖赏的事情，我们的意愿更强烈；面对那些需要长期努力才能得到效果回馈的事情，我们的意愿相对偏弱。

没有什么事情是能够一蹴而就的，就好像《野蛮生长》中有这么一句话："所有的伟大都是熬出来的"，这意味着，当我们要实现某个目标的时候，一定是要经过长时间的摸爬滚打，才有可能成功。所以，当我们看着遥远的目标，和自己所希望的即时被满足的本能发生冲突的时候，我们的行动力就会被削弱。

我有一个朋友，从事基金经理工作，每天风雨无阻地坚持晨跑 5 公里，在朋友圈打卡。和他私下交流的时候，了解到他报考了专业的进修课，每天还在坚持学习。他站在我面前的时候，我感受不到他的焦躁，感受到的反而是一种宁静自信的力量感。我很好奇，当我问他是哪里来的动力，他说，他要在五年内成为国内十佳基金经理。

用五年去完成一个目标，这就是具有延迟满足能力的典范示例。

拥有延迟满足能力，意味着你不会短视地只看重眼前的利益，而是会将自己放在更宏大的时空，展望出一个更优秀的自己，并且为此不断努力。

3. 向死而生，是提高行动力最有效的方法

我们再玩一个假设性的游戏，假设你被抽中去参加一个名为"火星计划"的星际之旅，你在一年后将被一艘宇宙飞船送往火星，但需要注意的是，这是一趟有去无回的旅程，也就是说你从上了宇宙飞船的那一刻，就再也回不来了，未来发生什么，谁也不知道。

如果你只剩下一年时间，对于计划的事情、想做的事情，是不是会毫不犹豫地去实现它、完成它呢？

根据心理学的认知行为疗法理论，如果想要改变我们的行为，首先要改变我们的认知，也就是说，如果我们想要提高自己的行动力，首先要把"还有大把时间"的认知搞清楚。

事实上，人生无常，才是生命的本质，没人知道我们还有多长时间，所以，不妨把每一天都当作最后一天来过。

当我们能够学会把每一天都当作最后一天来过的时候，行动力自然就不会缺席，因为我们舍不得浪费这有限的分分秒秒。

当我们养成"把每一天当作最后一天来过"的习惯，生命会在十足的行动力中历练得愈发饱满而又充满质感。

07

为什么有些人，总是很难成功

● 心理关键词：自我实现的预言

什么是成功？正如一千个读者眼中有一千个哈姆雷特一样，每个人关于成功的定义或许都不同，但不管如何定义它，我想每个人都想追逐自己想要的成功。

1. "我总是很纠结，不知道要什么"

丽丽是我的一位来访者，她找我咨询的原因是，有一个非常好的工作机会摆在她面前，职位提升，收入增加，未来发展空间也很大，但是她却迟迟下不了决心，拿不定主意，陷入深度的纠结中。

你可能不解，这么好的机会摆在面前，有什么好纠结的呢？

这就是人类有意思的地方：人与人的不同，远远超过表面上的相似。

丽丽纠结的是：职位那么高，我真的能胜任吗？如果胜任不了，那可能还不如留在现在的单位，至少工作稳定、收入也不错。可是，转头一想，自己对现在的工作也有不满的地方，如果错失这次机会，以后可能很难再找到这样的机会了。到底该怎么办呢？

事实上，这不是丽丽第一次这么纠结，她跟我说，自己在面临选择的时候，总是这样摇摆不定。

在我的来访者中，丽丽并不是单独的存在，也有其他的一些人，常常说"我总是很纠结，不知道自己要什么"，比如：

- 考上了研究生，不知道该读还是不该读？
- 发现老公出轨了，不知道该分手还是不分手？
- 遇到一个喜欢的女孩子，不知道该追求还是不追求？

……

总之，在面对一个"目标"的时候，他们好像表现出了兴趣和意愿，但又时不时地退回来，在自己的世界里纠结来纠结去，把自己搞得很难受，也把周围的人搞得很难受。他们很痛苦，也很无辜。

2. 不是不想要，而是不敢要

在面对一个目标或者一个选择的时候，一个人为什么会纠结呢？他（她）到底在纠结什么呢？

如果只是偶尔纠结，那么或许是由于现实意义上的比较而产生的思考过程。但是如果像丽丽一样，每次面临诸如工作调整、亲密关系调整的时候，都会产生纠结，那么这就不是单纯的思考比较了，而是

"纠结"已成为他（她）的一种模式，是人格的一种外在表现。换句话说，文中的丽丽看上去好像是在纠结工作选择，但其实，不是工作让她纠结，而是她有一颗"爱纠结的心"，这颗心导致她在面临选择的时候，总是左右摇摆。

也许你会好奇："爱纠结的心"是怎么产生的呢？

我们做的任何一个选择，本质上来说，都意味着这个选择满足了我们的某种需求。如果是从现实层面来看，这个需求可能意味着职位、收入、名气、稳定等。但现实层面的这些东西，最终都是为了满足我们最本质的心理需求。

一个人在面临选择的时候，他（她）往往有两种心理需求要被满足：安全需求、自我实现的需求。

就好像丽丽，她看似是在新工作岗位和旧工作岗位中做选择，但本质上来说，她是在安全和自我实现中做选择：

- 旧工作岗位，稳定、熟悉、舒适，代表着安全；
- 新工作岗位，高收入、高风险、高挑战，但意味着自我实现。

如果一个人内在的安全感很高，对自己充满信心，那么他（她）就更偏向于追求自我实现，因为他（她）潜意识里看到的未来图景是充满光明和希望的，因此不太会纠结；

倘若一个人内在的安全感缺乏，那么在面临选择的时候，他（她）首先会选择确保自己是安全的，与此同时，自己也被自我实现的需求吸引着，可又担心自己不安全，所以自己就被夹在"害怕"和"想要"中间，举棋不定。

不过，缺乏安全感的人最终都会偏向选择"安全"，因为和自我实现比起来，安全更重要，它和潜意识的"死亡焦虑"是紧密联系在一起的。所以，很多人面对"目标"的时候，不是不想要，而是不敢要。他（她）内在的恐惧，限制了他（她）对目标的追求和实现。

3. 你是"成功型人格"吗

自我实现的预言，是由社会学家罗伯特·默顿提出来的，指的是一个人常说的那些话，就会成为他（她）生命中的预言。从心理学的角度来解释，因为人是非常自恋的动物，一旦自己说了某句话，就会爱上自己的这个说法，也会倾向于证明我说的这句话是对的，于是将事物朝这个方向去推动。

我们外在的人生，常常是我们内在的潜意识花了很长时间去推动的结果。

从自我实现的预言角度而言，那些更容易取得成就的人，是因为他们从内心深处相信自己，他们没有那么多关于自我的恐惧。

一个相信自己的人在看未来的时候，一定是带着彩色滤镜的，看到的是希望、是光明，是积极的信号；反之，如果内在缺少安全感，不信任自己，都会带着灰暗的滤镜去看待万事万物。这也意味着，在很多事情的关键时刻，相信自己的人会往前冲，而不信任自己的人会裹足不前，甚至往后退。虽然，信任自己的人最终未必会成功，但至少获得了 50% 的成功概率，而往后退的人，概率是 0，也就是说，成功的可能性都没有。

信任自己、积极乐观、敢做、敢承担，这些综合起来的特点，就是心理学意义上的"成功型人格"，当然，这并不是一个严谨的学术概念，只是我个人的风趣总结而已。

4. 如何强化自己的"成功型人格"

想要让自己内心没有那么多的恐惧，变得更加坚定勇敢、不纠结；想要让自己的"成功型人格"特点得到强化，可以从以下四个角度来进行努力。

首先，改善你内在的感受。

内在的感受能够改变吗？可以，但是需要有一个客体，这个客体可以是一个人，也可以是一件事儿。

比如，一个对你很好、接纳你、爱你的人，出现在你的世界，那么由于 Ta 的接纳，你可能就会体验到自己很好，慢慢地，恐惧就会减少，信心就会增加，内在感受会随着被接纳的状态慢慢改变。

又或者你坚持做一件自己喜欢的事儿，无论如何你都不放弃，那么在长期的磨炼中，你可能会体会到自己的成就感，那么这也会让自己的内在感受发生变化。

其次，改变你的认知。

缺少安全感的人，无论是面对事情，还是面对一个人，他（她）都很难信任对方，因为只有抱持怀疑和警惕的姿态，才能保护好自己。

基于这样的基本模式，缺少安全感的人在做认知判断的时候，常常会获得与"不信任"相一致的认知判断。所以要改变自己的认知，就要常常觉察，提醒自己，要试着去相信别人。

人与人之间的关系，是会互相影响的，一个人怎么对待你，往往取决于你怎么对待他（她）。所以当你能够相信别人的时候，结果通常都不会太坏。

此外，调整你的决策。

内在缺乏安全感的人，如果想要避免作出错误的决策，可以在做决策前，多向一些在处理问题方面判断力很强的人请教，然后以他们的意见来平衡和调整自己的决策，有可能提高成功的概率。

最后，修正自己的行为。

有些行为是可以修正的，有些行为则没有办法修正。比如，在处理一段关系的时候，如果你意识到自己做错了，主动去道歉，关系可能就修复了；但是当你决策进行一笔买卖交易的时候，交易一旦发生，则没有挽回的余地，只能凭"吃一堑，长一智"来避免犯同类错误了。

不管你追求的成功是怎样的，勇敢都是少不了的必选项。

· 笔 · 记 · 栏 ·